图说黄瓜嫁接育苗

王久兴 编著

金盾出版社

内容提要

本书由河北科技师范学院王久兴教授编著，以图文结合的形式介绍了黄瓜嫁接育苗技术。内容包括嫁接育苗基础知识，黄瓜及砧木优良品种，常用嫁接育苗技术，无土嫁接育苗技术，黄瓜苗期病虫害防治，黄瓜嫁接育苗常见问题等。全书图文并茂，通俗易懂。适合广大菜农、种苗生产者和基层农业技术推广人员学习使用，也可供农业院校相关专业师生阅读参考。

图书在版编目(CIP)数据

图说黄瓜嫁接育苗/王久兴编著. -- 北京 : 金盾出版社，2011.8

ISBN 978-7-5082-7031-9

Ⅰ.①图… Ⅱ.①王… Ⅲ.①黄瓜—嫁接—育苗—图解 Ⅳ.①S642.204-64

中国版本图书馆 CIP 数据核字(2011)第 111632 号

金盾出版社出版、总发行

北京太平路 5 号(地铁万寿路站往南)

邮政编码:100036 电话:68214039 83219215

传真:68276683 网址:www.jdcbs.cn

北京蓝迪彩色印务有限公司印刷、装订

各地新华书店经销

开本:850×1168 1/32 印张:4 字数:58 千字

2011 年 8 月第 1 版第 1 次印刷

印数:1～10 000 册 定价:16.00 元

前 言

设施栽培中的连作障碍是制约黄瓜生产可持续发展的主要问题。导致连作障碍的因素很多，但最主要的原因是由于多年栽培，土壤中病菌大量繁殖积累，致使土壤传播病害发生严重并屡治不绝，其中以枯萎病危害最重。多年来国内外理论研究和生产实践证明，用药剂防治土壤传播病害不但成本高，而且污染蔬菜产品和环境；同时，抗土传病害蔬菜品种的选育难度很大，且不易达到理想效果。而采用嫁接育苗技术进行蔬菜生产则是目前防治土传病害的唯一有效手段，同时，黄瓜嫁接还能提高其耐低温能力及多种抗性，容易获得高产，且对风味、品质也没有明显不良影响。

因此，黄瓜嫁接育苗技术作为一项无公害技术和节能措施已被推广应用。但由于传统种植习惯的影响，一般农户对此项技术了解不够，生产中存在着嫁接成活率低、接后死苗等现象。为此，我们根据长期以来科学研究和生产实践经验，编写了《图说黄瓜嫁接育苗》一书，采用图说方式对黄瓜嫁接操作及相关技术做了详细阐述。

本书的最大特点是按黄瓜种植茬口介绍以嫁接为核心的系列育苗技术，同时介绍新优品种、苗期管理及病虫害防治等相关知识，读者可以采用照猫画虎的方式直接操作应用。书中所介绍的嫁接方法均为成活率高、操作简便的实用技术，而对那些探索性的嫁接方法，由于在生产中并不很实用，则未予介绍。而且，书中彩图均为田间实拍，真实直观，借鉴性很强。

另外，我们还开设了蔬菜病虫害防治网（www.scbch.com），欢迎读者登陆学习。

由于编著者水平所限，书中难免有不当甚至错误之处，敬请读者和同行专家批评指正。

编 著 者

2011 年 5 月

目 录

一、嫁接育苗基础知识

（一）嫁接育苗的优越性

蔬菜嫁接育苗就是把所要栽培蔬菜幼苗的去根部分作为接穗，嫁接到砧木的茎上，由栽培蔬菜与砧木共同组成一株生产用苗的技术。所组合成的生产用苗称为嫁接苗。

蔬菜嫁接育苗所用的砧木是具有某些特殊性能的野生或栽培植物，能对栽培蔬菜品种起保护和促进生长作用，从而改变原蔬菜的某些栽培性状，更有利于蔬菜生产。

1. 预防土传病害 进行黄瓜嫁接育苗的首要目的就是预防黄瓜枯萎病，枯萎病是当前最为严重的顽固性土壤传播病害（简称土传病害），是黄瓜的主要连作障碍。该病典型症状是植株萎蔫、枯死（图 1–1），似蔓枯病，茎输导组织的破坏最终导致植株逐渐枯死。

图 1–1 黄瓜枯萎病植株萎蔫状

土传病害由于病菌在土壤中繁衍，而土壤体积庞大，难以用一般农药将其灭杀。虽然用熏蒸剂处理土壤有一定的效果，但也并不彻底，一段时间后仍会发病。而且，土壤处理剂还会对蔬菜造成损伤。对发病严重的地块，很多菜农不得不采用“起土”措施，将温室内 20 厘米深的含有大量病菌的耕层土壤挖出运到温室外，利用下层未受污染的生土栽培蔬菜（图 1–2），此法虽然能暂时缓解病情，但几年以后老问题会重新出现，还要再次起土，经过几次起土，温室地面会大幅度下降。还有人采用“换土”的方法，但在温室成片的区域，温室外土地有限，很多情况下是无土可换的。

图 1–2　用“起土”措施预防温室土传病害

然而枯萎病病菌对所侵染作物具有较强的专一性，也就是说侵染黄瓜的病菌只对黄瓜产生危害，对葫芦（瓠瓜）、南瓜甚至某些品种的丝瓜等则不造成危害。如果用这些不受危害植物作砧木与黄瓜嫁接，利用砧木的根系吸收肥水，就能避免病菌对栽培

黄瓜的直接侵染，染病概率就会降低。同时，由于嫁接黄瓜的茎叶生长旺盛，抗逆性增强，其茎叶病害的发病程度也会相应减轻。因此，笔者认为，嫁接育苗是目前防治土传病害的唯一实用、有效的方法。需要注意的是，嫁接防病利用的是“空间隔离”的原理，一旦接穗茎蔓接触土壤产生了不定根并扎入土壤，仍然会重新感染病菌。

2. 减轻根结线虫病危害 根结线虫病是由于黄瓜受根结线虫侵害而发生的病害。根结线虫以成虫或卵在病组织内随病根残体或以幼虫在土壤中越冬，越冬幼虫或越冬卵孵化后由根部侵入。黄瓜根系的受害症状特别明显，先形成似绿豆或大米粒大小的瘤状物，表面白色光滑，后期变成褐色，使整条根肿大粗糙，呈不规则形（图 1–3）。由于根生长不良，导致地上部分生长迟缓，发育受阻，植株矮小，叶片易黄化、脱落，开花迟或不结实，未老先衰，干旱时易萎蔫甚至死亡。

图 1–3　黄瓜根系上的瘤状根结

根结线虫主要通过灌溉水、病株以及病株所沤制的有机肥传播。例如，河北某地大面积栽培甘薯，根结线虫为害严重，农民用带虫甘薯秧喂牛、羊，栽培黄瓜的温室又大量使用牛、羊粪

堆沤的肥料，导致根结线虫在黄瓜温室中蔓延，一般会导致减产20%～30%，重者50%以上。目前生产上尚无特效且无公害的药剂治疗此病。但一些野生蔬菜对根结线虫病往往表现出较强的抗性，可以用作砧木，进行嫁接抗病栽培。例如，用黑籽南瓜作砧木，与黄瓜进行嫁接栽培，虽然不能杜绝根结线虫病，但具有很好的抗病、防病效果。

3．提高抗寒能力 选用耐寒砧木嫁接，能使黄瓜在低温下保持充足的养分供应而旺盛生长。例如，冬季自根黄瓜生长缓慢，易出现“花打顶”现象，甚至停止生长（图1–4）。其主要原因是黄瓜的耐低温能力较差，当温度下降到一定程度时，根系的活动受到抑制，不能正常吸收肥水，不能为茎叶提供足够的养分和水分，导致茎叶生长不良。而嫁接苗砧木根系耐低温能力强，在同样低温下，仍然能够吸收肥水，源源不断地供应茎、叶生长。

图1–4 低温引发黄瓜“花打顶”状

4．其他优越性

（1）促进幼苗健壮生长 砧木根系发达，茎粗叶大，生长旺盛，

能够为接穗提供充足的营养，育苗期就能显示出对栽培蔬菜的明显促进作用。因此，嫁接苗比自根苗生长势强，容易培育成壮苗。

（2）提高肥水利用率　砧木吸收能力较强，而且这种能力不会因为嫁接而发生明显改变，因此嫁接苗的根系入土深，吸收能力也比自根蔬菜强，特别是对土壤深层的肥水利用率更高。

（3）增强抗逆性　与自根蔬菜相比，嫁接蔬菜生长旺盛，长势强，对低温或高温、干旱或潮湿、强光或弱光、盐碱土或酸性土等的适应能力增强。

（4）提高产量　与自根蔬菜相比，嫁接蔬菜结果期较长，产量增加较为明显，一般可增产20%以上。在反季节栽培时，增产效果更为明显。

（二）嫁接成活的原理和过程

嫁接苗的成活是靠茎的形成层发挥作用。将茎切断，用解剖镜或显微镜观察横断面，可见密集排列在一起的一束细胞，这就是维管束，维管束中部是形成层。形成层细胞能进行连续不断的分裂，向内形成木质部（包括向上部茎叶运输由根系吸收上来的养分、水分的导管），向外形成韧皮部（包括把叶片光合生产的养分向下方运送的筛管）。筛管、形成层、导管共同构成维管束，维管束是养分、水分输导的重要器官（图1–5）。

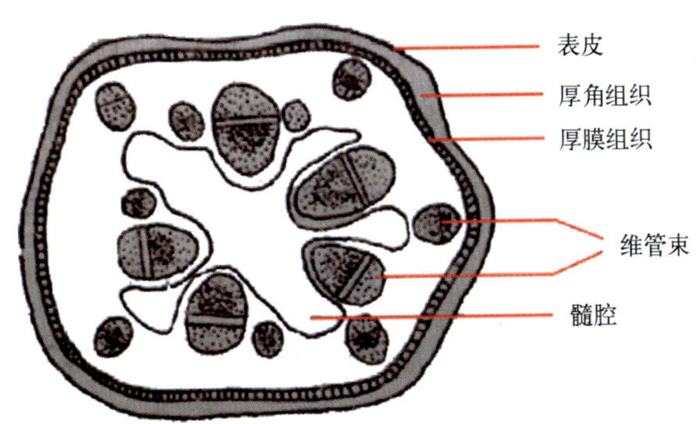

图1–5　黄瓜茎维管束的显微结构

植物体一旦受到创伤，形成层能立即进行旺盛的细胞分裂，产生新组织，并具有治愈创伤的能力。嫁接就是巧妙地利用这一特性，把接穗和砧木在茎部（幼苗的胚轴）切断，将双方的形成层紧密地接合在一起，使受伤部位的细胞因受到刺激而旺盛地分裂，形成新的组织，使创伤愈合，植株成活，恢复生长（图 1–6）。

砧木和接穗被切断的维管束能很快地结合在一起，而且结合面大，砧木、接穗之间的养分、水分能顺畅地通过嫁接苗，生长发育良好，说明嫁接亲和性好。反之，维管束结合得少，嫁接苗细弱（图 1–7），则说明嫁接亲和性差。

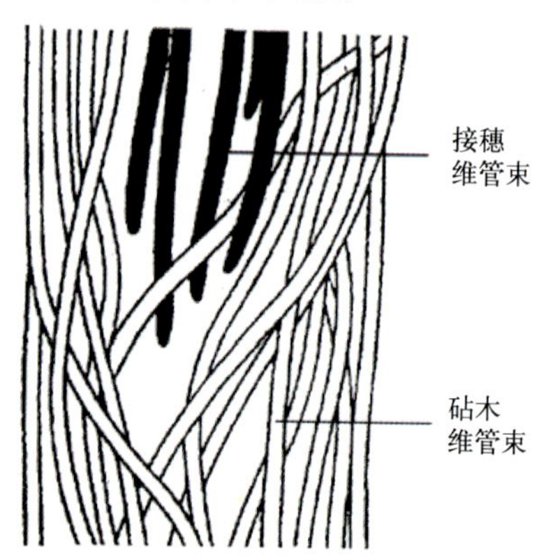

图 1–6　劈接法制备嫁接苗维管束连接状态

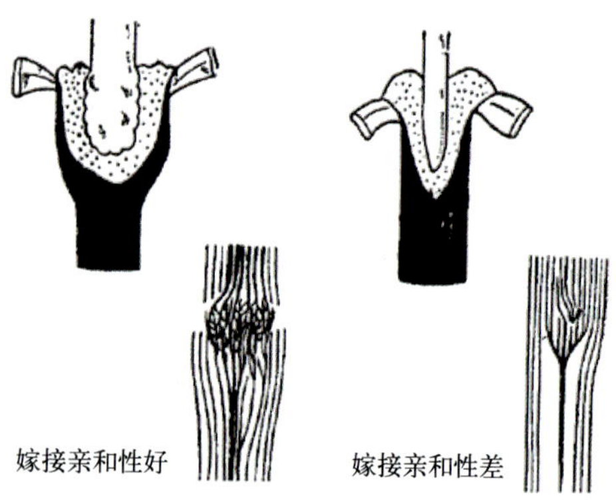

图 1–7　插接法制备嫁接苗的维管束连接状态

二、黄瓜及砧木优良品种

（一）黄瓜品种

1. 绿岛 1 号 河北科技师范学院闫立英等以秋黄瓜“秋白”与春黄瓜“叶三”为亲本杂交，在温室弱光条件下采用混合单株选择法，历经 18 代选育而成的温室专用型早黄瓜品种。具有早熟、优质、丰产、耐低温弱光等特点，2003 年 10 月通过河北省科技厅鉴定。该品种植株生长势中等，以主蔓结瓜为主，第一雌花节位 3～4 节，果实发育速度快，前期产量高。20 节内平均雌花节率为 45.7%，双瓜节率为 18.1%。商品瓜顺直，长 25～30 厘米，亮绿色。瓜把较短，深绿色。刺瘤稀疏，瘤深绿色，中等大小，白刺。口感好，清香味浓，维生素 C、可溶性糖含量高，较抗霜霉病，抗白粉病、枯萎病能力中等，耐早衰。每 667 米^{2}产量 5 000～8 000 千克。适宜日光温室、塑料大棚冬春茬栽培（图 2–1）。供种单位：河北科技师范学院科研处，电话：0335–2039279。

图 2–1 绿岛 1 号

2. 津优 1 号 天津科润黄瓜研究所培育，具有多抗、丰产、品质优良等特点，是设施栽培专用品种。株形紧凑，生长势强，叶深绿色。以主蔓结瓜为主，第一雌花着生在 4 ~ 5 节，雌花节率 30% 左右，回头瓜多。早期产量较长春密刺增加约 25.6%，总产量增产约 20.3%，丰产性好。耐低温、弱光能力强，在 12℃ ~ 15℃低温和弱光下生长正常。商品性好，瓜条顺直，长 36 厘米左右，单瓜重 250 克左右。瓜深绿色，有光泽，刺瘤显著密生白刺，瓜把短。心腔较细，小于瓜径的 1/2。瓜肉浅绿色、质脆、无苦味，品质优，商品性好。抗病性强，抗枯萎病、霜霉病和白粉病，符合我国北方地区消费习惯（图 2–2）。供种单位同上。

图 2–2 津优 1 号

3. 津优 30 号 天津市农业科学院黄瓜研究所培育，耐低温、耐弱光能力极强，可以在温室内温度为 6℃时正常生长发育，短时 0℃低温不会造成植株死亡。在连续阴雨 10 天、平均光照强度不足 6 000 勒时，仍可收获果实。因此，是日光温室越冬栽培和冬春茬栽培的优良品种。早熟性、丰产性好，早期产量较高，尤其是越冬日光温室栽培时，在春节前后的严寒季节能够获得较高的产量和效益。瓜码密，雌花节率 40% 以上，化瓜率低，连续结瓜能力强，有的节位可以同时或顺序结 2 ~ 3 条瓜。瓜条长 35 厘米左右，瓜把较短，在 5 厘米以内。即使在严寒的冬季，瓜条长度也可达 25 厘米左右。瓜条刺密，瓜瘤明显，便于长途运输。

畸形瓜少，有光泽，质脆、味甜、品质优。抗病能力较强 该品种高抗枯萎病，抗霜霉病、白粉病和角斑病(图2–3)。供种单位同上。

图2–3 津优30号

4. 北京101 国家蔬菜工程技术研究中心培育，冬季温室专用一代杂种，耐低温弱光性强，坐瓜率高。植株生长势强，叶片较大，根系发达，雌性节率高，瓜长28～30厘米，刺瘤稀疏，瓜把短。品质优良，清香味浓。前期产量高，后期不早衰。抗枯萎病、角斑病，耐霜霉及白粉病。冬季长季节生产每667米^{2}产量达7500千克(图2–4)。供种单位：北京市蔬菜研究中心，电话：010–51503166、51503055。

图2–4 北京101

5. 荷兰水果黄瓜 荷兰水果黄瓜实际上指的是一个黄瓜品种类型，目前国内多家育种单位以从国外引进的荷兰温室型黄瓜为基础，进行驯化、选育和杂交，培育了很多个品种。这种黄瓜果皮深绿色，表面光洁，无刺瘤，瓜条直，畸形瓜少，较短小，长15～20厘米，适于生食，市场售价高于普通黄瓜(图2–5)。供种单位：北京望稼鸿良种公司，电话：13520311027。

图 2–5　荷兰水果黄瓜

6.春优五号　沈阳嘉禾种子有限公司应用现代育种技术培育，前期产量高，每667米^{2}产量为5 000～8 000千克。高抗霜霉病、白粉病及枯萎病。商品性好，瓜条直，均匀，深绿色，有光泽，单瓜重200～250克。适应性强，抗热且耐低温，适于秋冬茬、冬春茬温室栽培（图 2–6）。供种单位：沈阳嘉禾种子有限公司，电话：024–86801366。

（二）砧木品种

1.黑籽南瓜　原为中美洲及印度马拉巴尔海岸野生种，公元前由丝绸之路传入我国，在生态环境相似的云南繁衍，云南省农业科学院园艺所与中国农业科学院蔬菜所合作调查时发现其在云南有广泛分布，开始利用其抗枯萎病性作砧木苗与黄瓜嫁接。嫁接后基本能杜绝枯萎病，对蔓枯病、炭疽病、根结线虫抗性也有提高。因而，该砧木在国内得到了广泛的应用，但后来有人反映以黑籽南瓜作砧木嫁接的黄瓜果实带有南瓜味道，尤其是采收后放

图 2–6　春优五号

置几天味道会更明显，因此，目前用量在逐渐减少，由于应用普遍，种子各地有售（图 2-7）。

图 2-7　黑籽南瓜种子

2. 中原共生新一代　郑州中原西甜瓜研究所利用国外种质资源通过远缘杂交培育成的黄瓜砧木。发芽势强，髓腔紧实，嫁接亲和力强，根系发达，吸水吸肥力强，植株生长旺盛，抗寒耐热，低温条件下生长良好。中后期不早衰。抗重茬，高抗枯萎和根腐病。对黄瓜品质、风味无明显影响，坐瓜提前、坐果率高，瓜条顺直，单瓜重增加，商品价值高。较黑籽南瓜作砧木提早上市 7 天左右，采收期延长，产量提高。供种单位：郑州中原西甜瓜研究所，电话：0371-65733543。

3. 冀砧 10 号　河北省农林科学院经济作物研究所历时 10 年选育的杂交一代。根系发达，子叶较小，吸肥力强，下胚轴不易空心，与黄瓜嫁接亲和能力强，成活率高，共生亲和性强，高抗

枯萎病和拟茎点霉根腐病，对蔓枯病免疫，耐弱光，产量较高，其嫁接苗的瓜条在各种栽培方式下都不产生蜡粉。嫁接黄瓜果实表面油亮、无果霜、口感好，具有良好的商品性。供种单位：河北省农林科学院经济作物研究所，电话：0311-7652096。

4. 京欣砧5号 北京市农林科学院蔬菜研究中心用中国南瓜杂交培育而成的黄瓜砧木一代杂种。嫁接亲和力好，共生亲和力强，成活率高。种子小，发芽容易、整齐、发芽势好，出苗壮。与其他砧木品种相比，下胚轴较短粗呈深绿色，子叶绿且抗病，不易空心，不易徒长，便于嫁接。嫁接黄瓜提早采摘，瓜条无蜡粉，亮绿色，果实品质提高。供种单位：北京京研益农科技发展中心，电话：010-51503189。

三、常用嫁接育苗技术

黄瓜嫁接方法很多，主要有靠接法、插接法和劈接法等。但嫁接本身并不是孤立的技术，是与苗床制备、育苗条件等相配套的，而且受到不同育苗时期温、湿度等气象、环境条件的制约。为便于读者学习，本书按栽培茬口和嫁接方法进行分组，以田间实拍图片和菜农成功经验为基础，详细阐述日光温室黄瓜主要茬口的几种成套的嫁接育苗技术，塑料大棚及露地栽培黄瓜进行嫁接育苗时，可参照进行。

（一）免移栽靠接育苗

1. 育苗时期 以日光温室越冬茬为例介绍免移栽靠接育苗技术。越冬茬又称为“冬茬”或“秋冬春一大茬”，每年栽培一茬，于 9 月下旬播种，10 月初嫁接，10 月底定植，一直采收至翌年 6 月中下旬，拉秧后可养地，也可播种一茬玉米或菜花等，然后进入下一轮栽培（图 3–1）。育苗期间温度尚高，无须采用特殊的保温、加温措施。

图 3–1　夏季利用温室种玉米可吸收土壤中多余氮肥

2. 配制营养土 用大田土、充分腐熟的有机肥、少量化肥及杀菌剂配制营养土。从小麦、玉米田取土，要求土壤肥沃、无病虫害，大田土应占所配制营养土总体积的60%~70%。如果从菜地取土，则以大葱、大蒜地为好，这类土壤中侵染黄瓜的镰刀菌、丝核菌都比较少。营养土中有机肥所占份额为30%~40%，以堆肥或厩肥为好。其中，马粪因透气性好，并具有保水增温的作用而成为首选。需要注意的是马粪必须在育苗前5个月进行沤制，在沤制过程中还应多次进行翻动，充分腐熟后才能使用，忌用生粪。在线虫高发地区，选用有机肥时要特别注意不施用带有线虫的粪便。例如，某些地区栽培甘薯，土壤中有大量根结线虫，当地农民用甘薯秧作饲料饲喂牛，用牛的粪便作有机肥施入温室，结果导致根结线虫在设施中的蔓延。配制营养土前，大田土和有机肥要先过筛（图3–2）。

图3–2 大田土过筛

为提高营养土肥力，每立方米营养土可加入氮磷钾(15–15–15)复合肥2千克。为杀灭营养土中可能存在的病菌，每立方米营养土中还应掺入50%多菌灵可湿性粉剂或其他广谱性杀菌剂80~100克（图3–3）。有菜农使用“壮苗剂”，每立方米用量350克，效果比较好（图3–4）。如果有条件，每立方米营养土中再掺入10千克草炭，既可提高营养土养分含量，又能改善营

养土理化性质，育苗效果会更好。确定了各种添加物的用量后，将各成分充分混合，然后倒堆 2 遍，确保混匀 (图 3–5)。

图 3–3　给营养土掺入复合肥和杀菌剂

图 3–4　壮苗剂

图 3–5　将配制营养土的各组份混匀

3. 营养钵填装与摆放　营养钵不论是新购买的还是曾经用过的，使用前都要进行清选，剔除钵沿开裂或残破者，否则，浇水后水分会从残破的钵沿流出，不易控制浇水量。向钵内装营养土，以营养土表面距离钵沿 2 ~ 3 厘米为宜，以便以后浇水时能存贮一定水分 (图 3–6)。装钵后，将营养钵整齐地摆放在苗床内，钵与钵之间不要留空隙，减少营养钵下面的土壤从钵间空隙蒸发水

分。在苗床中间每隔一段距离留出一小块空地，摆放两块砖，这样播种时可以落脚，方便操作（图 3–7）。

图 3–6　装　钵

图 3–7　摆放营养钵

4. 接穗黄瓜浸种催芽　黄瓜的用种量为每 667 米^2 栽培田 150 ～ 200 克。播种前应进行种子消毒。种子消毒最简单易行的方法是温汤浸种，即将 2 份开水和 1 份凉水混合，对成约 55℃的热水，将种子放入其中，不断搅拌并注意观测水温，若水温下降要不断加热水，这样附着在种子表面的病菌基本会被烫死（图 3–8）。10 分钟后，倒入凉水，将温度降至 30℃左右，再浸泡 3 小时，使种子吸足水分。浸种完毕，将种子捞出，用毛巾或纱布等持水能力较强的布包好，置于 30℃左右条件下催芽（图 3–9），“露白”（胚根露出）后即可播种，有些农民则习惯于催大芽，即等到种子的胚根长出 1 厘米左右时再播种，他们形象地称这种播种方式为“插芽”，实践证明，这种催大芽的方式播种后出苗快，沤籽少，效果好（图 3–10）。

图 3–8　调制温水

图 3–9　用湿布将种子包好进行催芽

图 3–10　催芽后露出较长胚根的种子

5. 接穗黄瓜播种　日光温室越冬茬黄瓜是在 9 月下旬育苗，此时温度较高，因而苗床上不需要采取增温、保温措施。可直接用温室内的栽培畦做苗床。育苗场地的面积通常为栽培面积的 1/6。每隔 1 个栽培畦做 1 个苗床，先将苗床地面整平，然后摆放装好营养土的营养钵。中间空余的栽培畦可用于嫁接时操作场地和摆放嫁接后的营养钵（图 3–11）。

图 3–11　用栽培畦做苗床

为保证育苗期间充足的水分供应，减少幼苗生长期间的浇水量，在播种前要浇足底水。应在播种前 1 天，从营养钵上面一个钵一个钵地均匀浇水，这样既可保证出苗整齐又容易使幼苗生长大小一致。为提高效率，也可用喷壶喷水。浇水量掌握在有水从营养钵底孔流出为宜。水渗下后，先不要播种，第二天上午再喷 1 次小水，确保营养土充分吸水，然后才能播种（图 3–12 和图

3–13)。

图 3–12　播种前喷水

图 3–13　喷水后的营养钵状态

播种方法是，右手拿一根筷子，在营养钵表面一侧插一个孔，左手拿 1 粒种子，胚根朝下插入孔中，种子平放，然后用筷子轻轻拨一下营养土，让插孔弥合。农民称这一播种方法为“插芽”(图 3–14)。随播种随覆土，用手抓一把潮湿的营养土，放到种子上，形成 2 ~ 3 厘米厚的圆土堆(图 3–15)。覆土厚度要尽量一致，以确保出苗速度一致，幼苗高矮整齐。

图 3–14　在营养钵一侧播黄瓜种子

图 3–15　播种后立即覆土，在营养钵一侧形成小土堆

之所以把黄瓜种子播在营养钵一侧而不是播在中间位置，目的是将中央位置预留出来，几天后播南瓜砧木种子，将来同一个营养钵中的南瓜砧木苗和黄瓜接穗苗进行靠接。与传统的靠接方法相比，这种把砧木和接穗播种在同一营养钵中的嫁接育苗方法，

简化了嫁接育苗步骤，嫁接后不用再移栽，提高了成活率，节约了育苗空间。

6. 接穗苗的管理 黄瓜种子的发芽适温为 30℃，营养土温度至少应保持在 15℃以上，否则很容易发生烂籽现象。在幼苗出土前可使育苗温室内的温度中午保持在 35℃左右，9 月底外界气温尚高，能够达到黄瓜出苗所要求的温度，一般 3 天内即可出齐苗（图 3–16）。此时需要注意的是温室空气湿度不能太低，否则容易出现戴帽出土的现象。

图 3–16 播种后第四天黄瓜幼苗生长状态

幼苗出土后，下胚轴对温度十分敏感，高温高湿条件下，会迅速伸长，形成徒长苗。所以，幼苗基本出齐时，就要适当通风，降低温度和湿度，一般白天温度应控制在 25℃～30℃，不宜过高，夜温一定要控制在 15℃以下，最好是 12℃～13℃。

7. 砧木南瓜播种 黄瓜播种 4～5 天后，再播种南瓜。计算好南瓜种子用量，通常南瓜种子每千克种子约 4 000 粒。在实践中，南瓜种子尤其是云南黑籽南瓜种子的发芽率较低，通常只有

40%，而且发芽整齐度差。为此，播种前可将种子晾晒 1～2 天，或在 60℃条件下干热（比如可以置于烘箱中）处理 6 小时以促进发芽。目前，生产中多采用白籽南瓜作砧木。按处理黄瓜种子的方法进行温汤浸种和催芽，南瓜种子长出 1 厘米长的胚根时播种即可（图 3–17）。

图 3–17　完成催芽的南瓜种子

播种前先向营养钵中喷水，此时播种黄瓜时覆土所形成的土堆会被冲平。水要浇透，保证南瓜种子出苗期间有充足的水分供应（图 3–18）。南瓜的播种方法和黄瓜的播种方法一样，只是播种位置在营养钵正中央。用筷子在营养钵中央位置插孔，将南瓜种子胚根插入孔中，种子平放，用筷子将泥土弥合（图 3–19）。然后在南瓜种子上覆盖潮湿的营养土，形成一个小土堆，覆土量要尽量一致（图 3–20 和图 3–21）。

图 3–18　营养钵喷水后的状态

图 3–19　播种南瓜

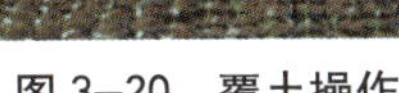

图 3–20 覆土操作

图 3–21 覆土后状态

8. 嫁接 嫁接前砧木苗、接穗苗不需要浇水、施肥，只需控制好温度即可。当黄瓜第一片真叶半展开，约 1 元硬币大小，南瓜在播种后 7 ~ 10 天，子叶完全展开，能看见真叶时（图 3–22），即可进行靠接。此时砧木苗和接穗苗的胚轴粗度基本一致（图 3–23），这是靠接法嫁接成功的关键所在。

图 3–22 达到嫁接适期的苗床状态

图 3–23 达到嫁接适期的黄瓜、南瓜幼苗胚轴粗度一致

为防止嫁接苗萎蔫，促进嫁接苗成活，应把嫁接操作场所的温室前屋面上的草苫放下来遮荫，或在前屋面覆盖黑色遮阳网遮荫（图 3–24）。嫁接者通常坐在矮凳上操作，前面放 1 个约 60 厘米高的凳子作为操作台（图 3–25）。嫁接后营养钵摆放间距拉大，摆满各畦。

图 3–24　嫁接场所要进行适度遮荫

图 3–25　嫁接操作状态

嫁接具体操作是将营养钵摆放到操作台上，先用刀片切去南瓜苗的生长点(图 3–26)，再在南瓜幼苗子叶节下 1 厘米处用刀片以 35°～40°角向下斜切一刀，刀片与两片子叶连线平行，深度为茎粗的 2/5 ～ 3/5(图 3–27)。然后，在黄瓜幼苗子叶节下 1.2 ～ 1.5 厘米处以 35°～40°角向上斜切一刀，深度为茎粗的 2/5 ～ 3/5(图 3–28)。把砧木苗和接穗苗的刀口互相嵌合(图 3–29)，用塑料嫁接夹从黄瓜一侧入夹固定，此时南瓜苗与黄瓜苗的子叶呈"十"字形(图 3–30)。也有人在切削接穗苗时，从第一片真叶对面下刀，这样嫁接后，接穗子叶和砧木子叶呈平行状态。嫁接操作时应做到下刀速度要快，这样刀口平直；刀口要干净，接口处不能进水；嵌合时的操作速度也要快，这样利于愈合。

图 3–26　切除南瓜苗生长点

图 3–27　切削砧木南瓜苗

图 3–28　切削接穗黄瓜苗

图 3–29　将砧木与接穗的接口嵌合

需要注意的是，黄瓜幼苗的下胚轴对光照和温度比南瓜敏感，在高温和充足的光照环境下，下胚轴往往比南瓜的要长些，笔者认为，嫁接的位置要以上部适宜为准，过长的黄瓜胚轴可以让其弯曲一些（图 3–31）。不要为了追求嫁接苗的直立状态而降低黄瓜幼苗的切口位置，因为接口距离黄瓜真叶的距离过长会降低嫁接苗质量。

图 3–30　用嫁接夹固定

图 3–31　黄瓜幼苗下胚轴偏长时的处理方法

嫁接后立即摆放嫁接苗。先平整苗床，用铁锹切削畦埂内侧，用平耙耙平畦面（图 3–32）。然后把嫁接苗按 15 厘米间距摆放到苗床上（图 3–33）。营养钵之间较大的空隙，是为嫁接苗生长留出的足够空间。

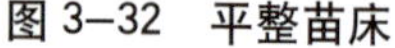

图 3–32　平整苗床

图 3–33　摆放好嫁接苗的温室育苗区

嫁接苗摆放好后立即顺苗床浇水（图 3–34)。这一水，可以让营养钵从底孔吸足水分，满足以后一段时期嫁接苗生长对水分的需求；同时，地面的水分蒸发后，能大大提高空气湿度，有利于嫁接苗成活。浇水时不要让水溅到接口部位，否则很容易导致嫁接失败。

图 3–34　顺苗床浇水

9. 靠接的接口深度问题　采用靠接法进行嫁接，砧木苗切口的深度应达到胚轴直径的 3/5，如果切口过浅，接口面积小，虽然缓苗快，萎蔫时间短，容易成活，但断根后，接口部位较细，输导组织不发达(图 3-35)，像瓶颈一样限制了土壤中养分向茎叶果实的运输，也限制了光合产物向根系的运输，从而会严重抑制植株的生长，将来结瓜也会不同程度减少(图 3-36)。而砧木、接穗的切口都过深时，嫁接后幼苗成活缓慢，有些甚至会有死亡的危险。而一旦成活，由于接口接触面积大，输导组织发达，定植后植株生长健壮，抗性强，结果多，产量高(图 3-37)。所以，正确把握切口深度，是嫁接成功的关键技术。

图 3-35　切口过浅，接口面积小，黄瓜茎细弱

图 3-36　切口浅的嫁接苗植株矮小，结果少

图 3-37　切口较深的嫁接苗黄瓜茎粗壮

10. 嫁接后管理 嫁接后注意遮荫和保湿，是嫁接苗成活与否的关键。为此，前屋面继续覆盖黑色遮阳网遮荫，尽量减少通风，保持空气相对湿度在 85%～95%。由于苗床上已浇足水，而且床面裸露，水分蒸发多，一般无须通过喷水提高湿度。嫁接后 2～3 天，即可除去遮阳网。靠接 10 天后伤口即可完全愈合（图 3–38）。此时，黄瓜已经有 2 片真叶展开，第三片真叶显露，可以进行断根。操作者手持半片剃须刀片，蹲在苗床间的畦埂上（通常不用移动营养钵），把刀片伸向苗床操作即可。在嫁接苗的接口下方 1 厘米处用刀片将接穗的下胚轴切断（图 3–39），然后在贴近营养土的位置再切一刀，把切下来的一段黄瓜苗下胚轴移走（图 3–40）。如果不移走这一段胚轴，而只是切断，则切口还有愈合的可能，会丧失嫁接的意义。这就是靠接苗的“断根”。有些时候，在断根后，嫁接苗会出现轻度的萎蔫现象，但用不了多长时间即会恢复正常（图 3–41）。如果人力充足，在断根前 1 天，最好用手把接穗下胚轴捏一下，破坏其维管束部分，这样黄瓜就有了一个适应过程，在断根后基本不用缓苗（图 3–42）。

图 3–38　嫁接 10 天后的幼苗状态

图 3–39 断根操作

图 3–40 切掉并移走黄瓜的一段下胚轴

图 3–41 断根后的嫁接苗

图 3–42 断根前可用手揉捏黄瓜下胚轴以利缓苗

11．乙烯利处理 乙烯利处理有时会打破黄瓜自身的营养生长和生殖生长的均衡性。目前，很多节成性很强的黄瓜品种，不进行乙烯利处理。但由于越冬茬黄瓜育苗时，外界气温偏高，不利于雌花的形成，有些品种需要进行乙烯利处理。处理应在嫁接成活后开始，用 40%乙烯利水剂对成 100 ~ 150 毫克 / 升的溶液喷雾，每展开 1 片真叶喷 1 次，喷后观察幼苗症状，视情况喷 1 ~ 3 次。对水方法是，取 40%乙烯利水剂 3.75 毫升，加水 15 升 (1 喷雾器)，可喷 1.5 万~ 2 万株瓜苗。注意，药喷到即可，不能让喷头在苗床上反复来回喷雾。如果用药量过大或用药浓度偏高，次日即会出现药害症状，通常表现为下部叶片向下卷曲、皱缩，呈降落伞状 (图 3–43)，上部叶片向上抱合、皱缩，不能展开 (图

3-44)，严重时会出现花打顶症状，形成大量雌花；更严重的，幼苗生长会受到严重抑制，形成老化苗。还有两种极端的情况，如果以后幼苗雌花、雄花都不出现，则是由于浓度太高；如果仍然出现大量雄花而没有雌花，则是由于药剂失效造成的。

图 3-43　喷药过多叶缘下卷状

图 3-44　喷药过多生长点抱合状

12. 移动嫁接夹的问题　随着嫁接苗的生长，无论是砧木南瓜还是接穗黄瓜，胚轴都会逐渐变粗。此时，嫁接夹会逐渐离开砧木胚轴，主要部分只夹在黄瓜胚轴上，抑制黄瓜胚轴的增粗。因此，如果人力许可，应捏住嫁接夹，向下、向南瓜幼苗一侧，移动一下(图 3-45)，否则，黄瓜幼苗的生长会受到抑制，形成弱苗，个别情况，还可能把黄瓜幼苗夹死(图 3-46)。但不能过早移走嫁接夹，否则，断根后的黄瓜幼苗，容易从砧木上劈开。

图 3-45　移动嫁接夹后的嫁接苗状

图 3-46　未移动嫁接夹的嫁接苗状

（二）移栽接穗的靠接育苗

这里以日光温室冬春茬黄瓜育苗为例加以介绍。冬春茬黄瓜育苗期为12月份至翌年1月份，正值严冬季节，外界气温低，需要制作温床并采取增温、保温措施。种植者除可以采用前述的免移栽靠接方法育苗外，也可以采用传统的有移栽步骤的靠接育苗方法，此法与免移栽靠接法的主要不同之处在于，砧木南瓜和接穗黄瓜或只是其中的接穗黄瓜，在嫁接时有个带根移栽的环节。

1. 温床建造 冬春茬黄瓜育苗时期气候寒冷，可采用电热温床、火炕或酿热温床加温育苗。

（1）电热温床 指育苗时将电热线布设在苗床上，其上铺营养土或摆放营养钵，通过电能对营养土进行加温的育苗设施。通常在苗床上摆放营养钵播种砧木，接穗不播在营养钵中，而是播在铺有营养土的苗床上。

使用电热温床能够提高地温，并可使近地面气温提高3℃～4℃。由于地温适宜，幼苗根系发达，生长速度快，可缩短日历苗龄。与其他温床相比，电热温床结构简单，使用方便，省工、省力，一根电热线可使用多年。如与控温仪配合使用，还可实现温度的自动控制，避免地温过高造成的危害。缺点是运行费用较高。

正规的电热温床由苗床、隔热层、散热层、床土、保温覆盖物、电热加温设备等几部分组成。电热加温设备主要包括电热线、控温仪、交流接触器和电源等。电热线为发热元件，由电热丝、引出线和接头三部分组成（图3–47）。电热线有不同的规格，每根长度一般为100～120米，功率为800～1 000瓦。使用时，按每平方米80～120瓦的功率布线。例如，使用100米长、功率为800瓦的电热线，如果要求苗床功率为每平方米80瓦，则这根地热线可以铺10米^2(800瓦/80瓦）的苗床，然后再结合苗床长度计算布线间距。电热线说明书上都标有不同功率密度所对应的布线间距。如果没有标注，而种植者又不会计算，可以按10厘米

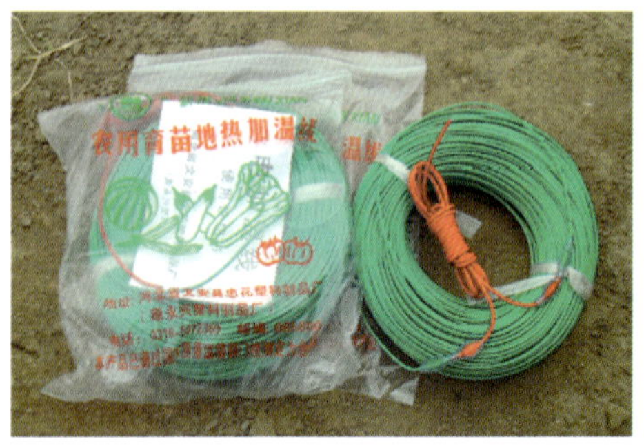

图 3–47　电热线（红色部分为引出线）

左右的间距布线，虽然有一定误差，但应用过程中是安全的。

为避免人工控制温度出现误差，可使用控温仪自动调节土壤温度。将电热线和控温仪连接好后，将感温触头插入苗床中，当温度低于设定值时，继电器接通，进行加温；当苗床内温度高于或等于设定值时，继电器断开，停止加温。交流接触器的主要作用是扩大控温仪的控温容量。当电热线的总功率＜ 2 000 瓦（电流 10 安以下）时，可不用交流接触器，而将电热线直接连接到控温仪上。当电热线总功率＞ 2 000 瓦（电流 10 安以上）时，应将电热线连接到交流接触器上，由交流接触器与控温仪相连接。电热温床主要使用 220 伏交流电源。当功率电压较大时，也可用 380 伏电源，并选择与负载电压相同的交流接触器连接电热线（图 3–48）。

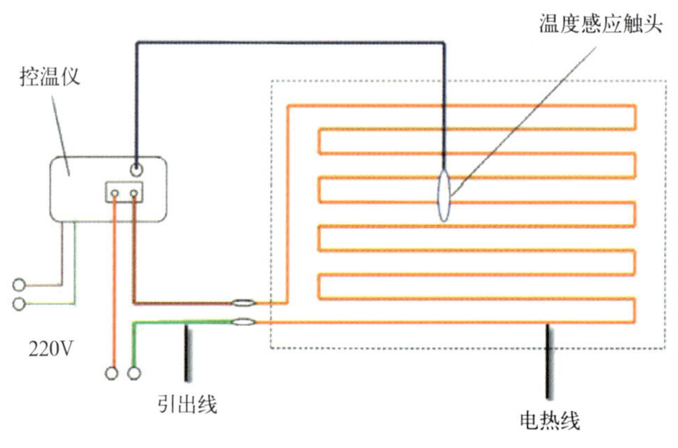

图 3–48　电热线布线图

一般将苗床建在温室中部采光好的地块，苗床面积根据用苗量而定，一般每 667 米^2 温室栽培面积需要嫁接苗 4 000～4 500 株，需苗床 25 米^2。先划出苗床的边框，用铁锹或镐将苗床内地面铲平，浅翻耕（图 3–49），以利保持土壤水分，防止育苗期间营养钵内的土壤迅速变干，同时有利于铺线后的埋线操作（图 3–50）。

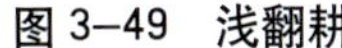

图 3–49　浅翻耕

图 3–50　耙平床面

取废旧细竹竿或木棍，将其截成 10～20 厘米长的小段。在苗床两端各插一排，竹棍间距即为布线间距，约 8～10 厘米（图 3–51）。把电热线折成双股，将弯折处套在苗床一端的两根竹棍上，两股电热线分别向两侧呈“几”字形缠绕竹棍，这样可保证电热线的两头在苗床的一端，便于连接电源。铺线后，接通电源，用手摸电热线表面，看其是否变热，如果变热，即可埋线，如果不热，说明未通电，需要检查电源连接处，同时查看电热线本身是否断裂。如果电热线断开，重新连接后要用防水胶布包裹好（图 3–52）。

图 3–51　插竹棍准备铺电热线

图 3–52　铺好的电热线

确认通电后即可埋线，先在插竹棍处开小沟，将电热线埋入土中，这样再埋苗床中间的电热线时就更容易了。然后在苗床上开小沟，将电热线全部埋入土中（图 3–53）。

图 3–53　埋电热线

此外，关于电热线的使用安全注意事项，请参照产品使用说明书有关内容。

（2）温室火炕　是一种较好的加温育苗设施，具有升温快、温度均匀、成本低、操作简便等特点。育苗效果与电热温床相似，但成本较低。育苗火炕的结构和北方民居中的火炕十分类似。首先挖一个南北长 4.5 米、东西宽依据育苗量自定、深 0.2 米的床池，其上用砖砌筑成火炕。而后，在床池南端，温室的外面，挖一个南北长约 1 米、东西长约 1.3 米、深约 1.5 米的烧火坑，烧火坑的一个侧壁上修坡道，供操作人员上下之用。烧火坑上交叉放两根木杆，生火后覆盖草苫保温（图 3–54 和图 3–55）。烟囱设在温室内部，生火后再接铁皮筒将烟囱从温室前屋面伸出（图 3–56）。

图 3–54　温室育苗火炕的烧火坑

图 3–55　烧火坑里添加燃料的灶门

图 3–56　设置在温室内的烟囱口

（3）酿热温床　酿热温床由床框、床坑、玻璃窗或塑料薄膜棚、保温覆盖物、酿热物等部分组成。目前应用较多的是半地下式温床（图 3–57）。床宽 1.5 ～ 2 米，长依需要而定，床顶加盖玻璃或薄膜，呈斜面以利于透光。坐北朝南，床坑深度为 30 ～ 40 厘米，并在床坑内部南侧及四周再加深 20 厘米左右，使坑底形成中间高，四周低的馒头形，使酿热物在铺好搂平后，其中部的酿热层低于南侧及四周，使受南侧床框遮荫及四周受低温影响而造成床内地温不均的问题得到调节。

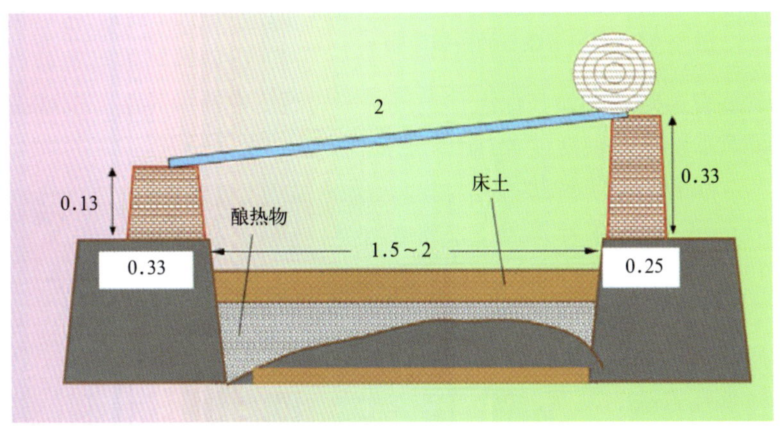

图 3–57　酿热温床的结构（单位：米）

酿热温床是利用好气性细菌分解有机物质时所产生的热量来进行加温的，这种被分解的有机物质称为酿热物。酿热物发热的快慢、温度高低和持续时间的长短，主要取决于好气性细菌的繁殖活动情况，而好气性细菌繁殖活动的快慢又和酿热物中的碳、氮、氧气及水分含量有关。一般当酿热物中的碳氮比为20～30∶1，含水量为70%左右，温度在10℃以上，并且通气适度时，微生物繁殖活动较旺盛，发热迅速而持久。生产上一般以3份新鲜马粪和1份稻草混合（均按重量计）作酿热物较为理想，制作时可将稻草和马粪分层踏入床坑。

还有一种简易的酿热温床，其酿热原理和上述温床一样。在温室中部平整地面，铺一层厚5～10厘米的马粪，喷水，而后在马粪上铺塑料薄膜，以防马粪热量散失，薄膜上再铺一层湿润的细沙，在细沙上直接摆放营养钵，以此提高钵中营养土的温度（图3–58）。在北纬40°以南地区进行冬春茬黄瓜育苗时，即使在保温性一般的旧式温室中使用此法，也可保证黄瓜幼苗顺利度过1月中旬的低温时段（图3–59）。

图3–58　塑料薄膜下面是酿热物

踩踏好的酿热温床，可使床温升高至25℃～30℃，保持2～3个月之久。需要注意的是，酿热加温受酿热物种类及方法的限制，热效率较低，而且床内温度明显受外界温度、床土厚薄及含水量的影响，酿热物发热时间有

图3–59　简易酿热温床上培育的黄瓜幼苗

限，前期温度高而后期温度会逐渐降低。

2. 配制营养土与装钵　营养土用大田土、充分腐熟的有机肥、少量化肥及杀菌剂配制。还可以掺入少量炉渣和栽培蘑菇的下脚料——菇渣（棉籽壳），以提高营养土的通气性。营养土中大田土占60%～70%，有机肥占30%～40%。用马粪或堆肥、厩肥，充分腐熟后才能使用，忌用生粪。在配制中大田土和有机肥都要过筛。

按比例将大田土和有机肥堆积在温室内。每立方米营养土掺入氮磷钾(15–15–15)复合肥2千克、50%多菌灵可湿性粉剂或其他杀菌剂80～100克。确定了各种添加物的用量后，至少4人合作，1人铲过筛的大田土，1人铲有机肥，1人撒化肥，1人撒杀菌剂，同时操作，将各成分混合到一起（图3–60）。再倒堆2遍，确保混匀。然后覆盖塑料薄膜，闷1天即可使用。

图3–60　将各组份混在一起，倒堆混匀

装钵前应剔除钵沿开裂或残破的营养钵。向钵内装营养土，以营养土距离钵沿2～3厘米为宜。装钵后，将营养钵整齐地摆放在苗床内，钵与钵之间不要留空隙（见图3–7），以防营养钵下面的土壤失水。如果苗床较宽，可在苗床中间每隔一段距离留出一小块空地，摆放两块砖，这样播种时可以落脚，方便操作。

3. 培育砧木苗和接穗苗 先播种接穗。在温室中部选一块土地做苗床，低温季节应在平整地面后铺设电热线，然后铺营养土5～7厘米厚，播种前浇透底水，然后抹平（图3–61）。种子处理方法参见前述。播种时将黄瓜种子平放，胚根朝下，种子间距2～4厘米（图3–62）。播种后覆盖细沙或潮湿营养土，厚度1～1.5厘米。

图3–61 浇水后抹平畦面

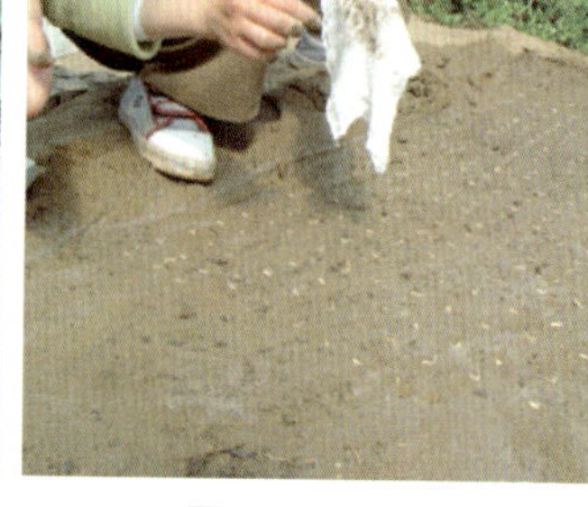

图3–62 播种黄瓜

黄瓜播种3～4天后，幼苗出土时再播种砧木南瓜，播种方法参照前述。

4. 嫁接 达到嫁接标准时将黄瓜幼苗挖出，在黄瓜子叶节下20毫米处，向斜上方按25°～30°角切削，深入胚轴粗度的2/3，切出的接口长度约10毫米（图3–63）。南瓜幼苗生长在营养钵中，不需移动，用刀切掉真叶和生长点（见图3–26），然后在子叶节下按35°～40°的角度向斜下方切削胚轴，深度为胚轴粗度的2/3左右，接口长约10毫米（见图3–27）。将砧木与接穗的接口嵌合（图3–64），用嫁接夹固定。嫁接后在黄瓜幼苗基部培土点水，固定根系（图3–65）。

图3–63 切削接穗黄瓜苗

采用此种嫁接方法，砧木的接口位置是固定的，对于那些高度不适宜的黄瓜苗，可以适当降低和升高切削接口位置（图 3–66）。

图 3–64　接口嵌合

图 3–65　用嫁接夹固定接口并给接穗培土

图 3–66　调整接穗切口位置，以适应砧木的高度

5. 嫁接后管理

（1）温度　嫁接后注意遮荫、保温和保湿，是嫁接苗成活与否的关键。为此，可在温室内的苗床上搭建小拱棚，覆盖塑料薄膜。嫁接苗移栽到苗床上后，前 3 天要密闭塑料薄膜，7 天内要保持适温，白天温度 25℃～30℃，最高不要超过 35℃；夜间温度 20℃左右，不得低于 15℃。7 天后嫁接苗基本成活，对温度的要求不甚严格，可放宽温度范围，适宜的温度是白天 20℃～32℃，以 28℃左右为最适宜；夜间 12℃～18℃，以 15℃左右为最适宜。定植前几天，应适当降低温度进行炼苗，此期适宜温度是白天 25℃左右，夜间 10℃～13℃，最低可降至 6℃，也不会有危险。

（2）湿度　嫁接后随即把嫁接苗放入苗床，并用小拱棚覆盖保湿，使苗床内的空气相对湿度保持在 90%以上，不足时可向畦内地面洒水，但不要向瓜苗上洒水或喷水，避免水流入接口内，引起接口染病腐烂。3 天后将棚膜揭开通风，使空气湿度下降，避免长时间湿度偏高引发病害，以后逐日延长苗床的通风时间，并逐渐加大通风量。7 天后，嫁接苗成活，撤掉小拱棚上的覆盖物（图 3–67）。如果湿度过大，遮荫时间太长，幼苗容易徒长，而且嫁接部位及其附近还会产生不定根（图 3–68）。

图 3–67　逐渐去除小拱棚覆盖物

图 3–68　湿度大嫁接苗产生不定根状

（3）光照　从嫁接当日算起3天内，要用草苫或遮阳网把嫁接场所和苗床遮成“花荫”。掌握前期遮荫重，后期逐渐减轻的原则。从第四天开始，于每天的早、晚让苗床接受短时间的太阳直射光照，并且要随着嫁接苗的成活生长，逐日延长光照的时间。遮光不能过于严密，以嫁接苗不萎蔫为宜。晴天中午前后，光照强，气温高，如果嫁接苗发生萎蔫，可放下温室草苫，利用“回苫”的方法遮荫（图3–69）。如果小拱棚覆盖的是透光性较差的废旧塑料薄膜，只需放下部分温室草苫即可。嫁接苗完全成活后，撤掉遮阳物，进行自然光照管理。

图3–69　用回苫的方法防止嫁接苗萎蔫

（4）断根、抹杈及喷乙烯利　嫁接10～15天后接口即可完全愈合，此时接穗的第一片真叶已舒展开，在接口下方1厘米左右处用刀片或剪刀将接穗的胚轴剪断，并移走一小段，以防剪口愈合，这就是靠接苗的“断根”（见图3–39）。在断根的前1天，最好用手把接穗胚轴的下部捏一下，破坏其维管束部分，这样黄瓜就有了一个适应过程，在断根后基本不会萎蔫（见图3–42）。断根的同时可随手摘除嫁接夹，也有人为保险起见，直至定植后才去掉嫁接夹。

砧木在去掉心叶后，其子叶节上的腋芽可能萌发新的萌蘖，形成小侧枝，侧枝的生长势要比黄瓜接穗强，从而会抑制接穗的生长，因此对这些侧枝要及时抹掉（图 3–70）。另外，接穗茎上也容易产生不定根，扎入土壤后也会抑制南瓜根系的正常生长，而且会失去嫁接的意义，所以也要及时发现及时抹掉。

图 3–70　砧木萌蘖形成的小侧枝状

黄瓜苗期叶面喷洒乙烯利能够明显地增加植株的雌花数量，提高早期产量。嫁接苗成活后即可喷洒，7 天后，也即定植前或定植缓苗后再喷洒 1 次。乙烯利浓度为 150 ~ 200 毫克 / 升，即将 40%乙烯利水剂稀释为 2 000 ~ 2 500 倍液。

6. 嫁接苗萎蔫的原因及其防治　嫁接后，幼苗于中午前后萎蔫，早、晚尚可恢复正常。严重的不能恢复，黄瓜叶片从子叶开始干枯，直至植株接口以上部分死亡，嫁接失败（图 3–71）。

图 3–71　嫁接失败嫁接苗萎蔫状

导致嫁接苗萎蔫的原因很多。一是接口不紧。嫁接时，砧木与接穗的切口接触不紧密（图 3–72），切口不能很好地愈合，幼苗（尤其是黄瓜幼苗）接口以上部分的水分和养分供应量少，导致萎蔫。二是由于苗床空气干燥，嫁接后未覆盖薄膜保湿，或虽然覆盖了塑料薄膜，但苗床土壤干燥，空气湿度小，幼苗叶片大量失水，伤口愈合不良，导致萎蔫，严重时幼苗死亡。嫁接后的几天内保持高湿环境是嫁接苗成活的关键，相对来讲，采用靠接法时，嫁接苗成活对空气湿度的要求较低，而采用插接法时，则必须达到很高甚至饱和的空气湿度，嫁接苗才能成活。三是光照过强。嫁接后应适度遮荫，使嫁接苗处于较弱的光照之下，如果阳光直射，必然导致水分蒸发量增大，幼苗萎蔫（图 3–73）。

图 3–72　接口不紧密状

防治方法主要有：其一掌握正确的播种时期，保证砧木苗和接穗苗茎粗基本相同，嫁接时能相互适应。其二切口深度应达到茎粗的 2/3。切口过浅，虽然秧苗不会死亡，但两种

图 3–73　光照过强接穗失水死亡状

植株容易分离，导致嫁接失败；切口过深，容易导致嫁接苗萎蔫死亡。其三创造高湿弱光环境。嫁接后应立即覆盖薄膜保湿，水分不足时要给地面喷水；中午前、后放下温室草苫，适度遮荫，避免阳光直射。

（三）移栽砧木和接穗苗的靠接育苗

1. 砧木苗及接穗苗培育 砧木苗和接穗苗都有移栽过程。在铺有营养土的苗床上先播黄瓜种子，3～4天后播南瓜种子。嫁接时分别将南瓜苗和黄瓜苗挖出，嫁接后将嫁接苗栽植到铺有营养土的苗床上或营养钵中。南瓜种子要密播，种子间距为0.5～1厘米，人为地造成幼苗拥挤，促进胚轴伸长，以便于嫁接操作（图3–74）。播后覆盖细沙或潮湿营养土2～2.5厘米厚。播种后覆盖小拱棚，保温防寒。2～3天后南瓜苗即可出土（图3–75）。播种密度与苗高度有直接关系，播种较稀再加上温度低时，南瓜幼苗较矮，胚轴短，不便于靠接操作（图3–76）；

图3–74 在普通苗床上密播南瓜种子

图3–75 南瓜出苗状态

图3–76 稀播时南瓜幼苗胚轴短

播种较密时，南瓜幼苗较高，胚轴长，便于靠接操作（图 3–77），这是菜农经过多年实践总结出的经验。黄瓜苗和南瓜苗同时管理，要注意通过调控温度使两者到嫁接时的状态能相互吻合（图 3–78）。嫁接前的管理参见前述。

图 3–77　密播时南瓜幼苗胚轴长　　图 3–78　生长中的黄瓜幼苗

2. 靠接操作　当砧木南瓜播种后 5～8 天，子叶完全展开，真叶刚显露（图 3–79），黄瓜第一片真叶半展开时，挖苗进行嫁接（图 3–80），此时南瓜苗与黄瓜苗的胚轴粗度基本一致。靠接法嫁接适期的判断依据主要是胚轴粗度是否一致，其叶片的大小倒在其次。用半片剃须刀片作为切削工具，并提前准备足够的塑料嫁接夹。嫁接时温室内的温度应调节至 20℃～25℃，放下嫁接场所对应位置的温室草苫，创造一个弱光环境（图 3–81）。人员也应进行适当的分工，有人挖苗、运苗，有人嫁接，有人移栽和管理，这样工作效率高，效果好。

图 3–79　适宜嫁接的南瓜幼苗状态

图 3–80　从苗床上挖去黄瓜幼苗

图 3–81　嫁接场所覆盖草苫遮荫

嫁接时，把接穗苗和砧木苗从播种床中仔细地挖出来。人员之间相互配合，做到边挖、边运、边接、边栽，保证幼苗直至最后一个环节都不萎蔫。

具体嫁接操作是先拿起砧木苗，把生长点用手掰掉或用刀割掉（见图 3–26），再检查一下，生长点是否去除干净，防止嫁接后萌发南瓜茎叶。然后在两个子叶着生部位下部胚轴的侧面，按 35°～40°左右的角度向斜下方切削胚轴，深度为胚轴粗度的 2/3 左右，接口长约 10 毫米。下刀速度要快，刀口要干净，切口处不能进水（图 3–82）。

图 3–82　切削南瓜幼苗胚轴

然后切削接穗苗，在黄瓜苗与子叶相同的一侧，或子叶的侧面切削，具体在胚轴的哪一面并不重要，操作者可根据自己的习惯并便于下一步接口嵌合而定。下刀位置在子叶节下 2 厘米处，向斜上方按 25°～30°的角度切削，深入胚轴粗度的 2/3，接口长度约 10 毫米。

接口切好后，准确、端正、迅速地把砧木和接穗的接口互相

嵌合（图 3–83）。用嫁接夹从黄瓜苗一侧入夹固定（不要从砧木一侧入夹），这样可防止接穗脱离砧木（图 3–84）。此时南瓜子叶与黄瓜子叶呈“一”字形，如果接穗切口处于与子叶相同的一侧，则南瓜子叶与黄瓜子叶呈“十”字形。

图 3–83　将砧木与接穗的接口相互嵌合

图 3–84　用塑料嫁接夹固定

3. 嫁接后管理　在温室中部温度较高的位置铺 10 厘米厚营养土，制作嫁接苗苗床。放下苗床对应部位的草苫进行遮荫。嫁接完成后立即将嫁接苗栽植到苗床里。先从苗床的南端开始栽植，具体方法是用小铁铲开一条浅沟，用水壶沿沟浇水，水渗下一半时摆放嫁接苗，嫁接苗要向南倾斜，靠在南侧的沟壁上。也可先浇水，然后小心地摆放嫁接苗。水渗下后，用手将北侧沟壁的土向南推，将嫁接苗的根部埋住，注意土不能埋到接口部位，接口不能沾土或沾水（图 3–85）。栽植一畦后，立即在苗床上搭小拱棚，覆盖塑料薄膜，遮荫保湿。

图 3–85　苗床栽植嫁接苗

图 3–86　浇水后的苗床状态

浇透水后，一般前 3 天内不再浇水。苗床开始通风后，土壤容易失水变干，要根据土壤干湿变化及时浇水，保持湿润。对于普通苗床，要用有长嘴水壶浇水，对于营养钵，要求逐钵点水，保证浇透浇匀（图 3–86）。

4. 定植准备　嫁接后 25 ~ 30 天，接穗具 4 ~ 5 片真叶时即可定植。定植前先喷 1 遍水，使苗床土壤湿润，同时放下部分温室草苫遮“花荫”，防止起苗时幼苗萎蔫（图 3–87）。用铁铲挖苗，尽量多带土，保护嫁接苗根系（图 3–88）。定植时，嫁接苗土坨表面要与畦面土壤相平，甚至比畦面稍高一些，接口不能埋入土壤中，以防黄瓜产生不定根或从接口感染病菌（图 3–89）。

图 3–87　起苗前浇水并遮“花荫”

图 3–88　挖　苗

图 3–89　定植时嫁接苗的接口不能埋入土壤中

（四）顶插接育苗

1. 培育砧木苗

（1）种子处理　砧木可选云南黑籽南瓜。计算好种子用量，通常每千克南瓜种子约4 000粒。云南黑籽南瓜的发芽率较低，通常只有40%，播种前晾晒种子1～2天，或在60℃烘箱中干热处理6小时可以促进发芽。然后，用55℃温水浸种15分钟（不断搅拌），到时后加冷水至室温，浸泡6小时。也可用高锰酸钾1 000倍液浸种6小时进行药剂消毒（图3–90）。浸种后将种子清洗干净，捞出，用湿布包好，放在容器中，加盖保湿，置于28℃～30℃条件下催芽，每天冲洗2次，洗去种子表面黏液，重新包好，甩去水滴后继续催芽（见图3–9）。1～2天即可发芽，种子露白时即可播种（图3–91）。

图3–90　用高锰酸钾消毒

（2）播种　播种前要浇足水，可先从苗床的侧面向营养钵下面的土壤浇水，然后逐钵浇水，浇水量要均匀一致（图3–92），尽量不要用喷壶喷水，以免浇水量不均匀。水渗下后，在苗床上覆盖地膜，减少营养钵水分蒸发，同时也能提高营养钵内土壤温度（图3–93）。

图3–91 “露白”的南瓜种子

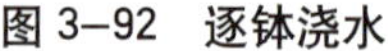
图 3–92　逐钵浇水

图 3–93　覆盖地膜保湿增温

放置 0.5～1 天，让营养土温度升高，第二天上午，如果营养钵水分蒸发较多，可喷 1 次小水，确保营养土充分吸水，但通常情况下不需要喷水，直接播种即可。播种方法是，将种子平放在营养钵中央，胚根朝下（图 3–94），这样摆放种子出苗质量好。随播种随覆土，用手抓一把潮湿的营养土，放到种子上，形成 2～3 厘米厚的圆土堆（图 3–95）。潮湿细土的制备方法是，用喷雾器向过筛营养土上喷水，边喷水边添土，然后倒堆。覆土操作要由一个人完成，以便做到覆土均匀，保证出苗整齐。如果出苗速度不一致，幼苗高矮不整齐，往往是由于覆土厚度不均匀造成的。

图 3–94　将经过催芽的种子平放在营养钵中央

图 3–95　覆　土

（3）嫁接前管理　南瓜种子比黄瓜种子大许多，必须在播前使其充分吸水，否则发芽慢，发芽不齐，播种时也需要多浇水。

播种后白天温度保持在30℃～35℃，夜间温度应不低于20℃，若地温低于15℃，则应盖一层地膜以提高地温。幼苗开始拱土后必须将地膜及时撤掉，以免烤苗。为提高温度，保温性较差的温室还应搭建小拱棚保温（图3–96）。出苗后应降低温度，以防止胚轴生长太快、胚轴过高及过早出现空腔。要根据不同品种，分别对待，使其嫁接时达到适宜的标准。出苗后的适宜温度白天为22℃～25℃、夜间为12℃～15℃。但此期也要防止苗床的温度过低，使胚轴过短。在出苗后4～5天、胚轴长4厘米时，苗床温度应稍提高些，以白天26℃，夜间17℃～18℃为宜。

图3–96　苗床上搭建小拱棚

种子出苗前不浇水，防止苗床板结。大部分种子顶土出苗时，向苗床均匀地撒盖一层厚0.3～0.5厘米的过筛细土，以帮助种子脱壳，避免戴帽出苗，同时也具有保湿作用。大部分幼苗的子叶伸展开后，视苗床的干湿程度浇1次水或不浇水，之后直到嫁接前要求保持苗床湿润。此期苗床干旱，会造成瓜苗生长缓慢，

但湿度长时间偏高也会造成胚轴生长过快、过细并过早出现空腔。

2. 培育接穗苗

（1）种子处理　冬春茬日光温室黄瓜的栽培密度为每667米^{2}栽植4 000～4 500株，用种量为每667米^{2}约150克。在南瓜播种2～3天后播种黄瓜，播前进行种子处理。用两份开水一份凉水混合成55℃～60℃的温水，将种子倒入其中，不停地搅拌，保持这一温度10～15分钟（图3–97）。到预定时间后倒入凉水，使水温降至30℃，再浸种3～4小时。将种子捞出，清水洗净，用湿布包好，放在容器中，加盖保湿，置于28℃～30℃条件下催芽（见图3–9）。

图3–97　温汤浸种

也可采用药剂消毒方法进行种子处理。一是用50%福美双可湿性粉剂500倍液，浸种20分钟，或用冰醋酸100倍液，或40%甲醛200倍液浸种30分钟，可防治黄瓜炭疽病、蔓枯病及枯萎病等。二是用25%甲霜灵可湿性粉剂800倍液，或97%噁霉灵可湿性粉剂3 000倍液，浸种30分钟，可预防猝倒病、立枯病及疫病等。三是用次氯酸钙300倍液浸种30分钟，或40%甲醛200倍液浸种60分钟，或用100万单位硫酸链霉素500倍液浸种2小时，可预防细菌性角斑病等细菌性病害。四是用10%磷酸三钠溶液（即99%磷酸三钠晶体粉对水9倍）浸种15～20分钟，

可杀灭种子内外的各种病毒，预防病毒病。

药剂消毒后洗净种子，再用 25℃～30℃温水浸泡 3～4 小时，然后捞出沥去多余水分，用清洁、湿润的纱布或毛巾包好，置于底部放上湿沙或碎草的容器内，在 28℃～30℃条件下催芽。

在催芽过程中，注意保温、保湿。当 80%的种子破口稍露芽（实际上是胚根）呈现“芝麻白”时即可播种。切勿让种芽过长（图 3–98），否则胚根相互缠绕，播种时容易折断，给操作带来困难。如因遇天气不好不宜播种时，应将种子摊开，上盖湿布，置于 10℃～15℃条件下抑制生长，天气好转立即播种。

图 3–98　发芽过长的黄瓜种子

（2）制作苗床　由于插接法使用的仅仅是幼小黄瓜苗顶部的一小部分，所以没有必要将其播种在营养钵中，播种在普通苗床中即可。按每平方米 1 000～1 500 粒的播种量准备苗床，培好畦埂，而后将畦内 10 厘米深土壤挖出。如果该土符合育苗要求，也可就地与有机肥、农药等配制成营养土。将畦底整平并踩实后，再将营养土回填，搂平并轻踩一遍。

图 3–99　播种前浇水

（3）播种　播种前浇透水（图 3–99），水中掺入适量的高锰酸钾或多菌灵、甲基硫菌灵等杀菌剂。如果地下害虫较多，还应在水中掺入适量的杀虫剂。然后向畦面均匀撒一薄层营养土或过筛的普通细土，厚度以刚好把畦面盖住为宜（图 3–100）。避免播种时种子直接粘到泥泞的畦土上，造成“糊种”。

图 3–100　往苗床上撒一薄层细土

将种子按 2～3 厘米间距平放，芽尖（胚根）朝下，种芽平伸者芽尖斜朝下（见图 3–62）。播种后覆盖潮湿营养土，厚度 1～1.5 厘米（图 3–101）。虽然营养土中掺入了杀菌剂，但在低温季节育苗，还是可能发生猝倒病、疫病等病害，导致幼苗大量死亡。这些苗期病害的发生，多与营养土的含水量有关，有人尝试在播种后不覆盖营养土，而是代之以潮湿的沙子或蛭石，结果表明，此法能明显减轻甚至杜绝苗期病害，效果很好。覆土后覆盖地膜，防止床土干燥，同时地膜也能起到保温作用。

图 3–101　覆　土

（4）嫁接前管理　黄瓜种子的发芽适温为 30℃，出苗前苗床要保持适当的高温，使种子及时出苗。此期的适宜温度为白天 25℃～32℃、夜间 20℃左右。温度偏低时要采取加温和保温措施。冬季育苗时很难达到这一目标，尽管如此，还是应使土壤温度保持在 15℃以上，否则

很易发生烂籽现象。在幼苗出土前可使育苗温室内的温度中午保持在 35℃左右，这样使土壤保持较高的温度，以加快出苗速度，一般应在 5 天内出齐苗，否则幼苗质量会受到一定影响。如果温室保温性差，在播种后苗床上覆盖地膜的同时，要搭建小拱棚保温、保湿，甚至可在小拱棚上覆盖草苫，提高温度（图 3–102）。

图 3–102 苗床上搭建小拱棚提高床温

幼苗出土后揭掉地膜并适当降低温度，白天 22℃～28℃，夜间 12℃～15℃，此时，幼苗下胚轴对温度十分敏感，高温高湿条件下，伸长迅速，容易形成徒长苗，导致苗茎过细和提早出现空腔。所以，从幼苗基本出齐开始，就要适当通风，降低温度和湿度，一般白天温度应控制在 25℃～30℃，不宜过高，夜温一定要控制在 15℃以下，最好 12℃～13℃，这样有利于营养物质的积累，使幼苗生长健壮。

出苗期不浇水，以防苗床土板结。出苗后特别是子叶展开后要勤喷水，保持床面湿润。防止瓜苗徒长的方法主要是降低温度，特别是降低夜间的温度，不能用减少浇水的方法来控制生长速度。

但也要避免床土过湿，导致苗茎生长过快和出现病害。由于营养土中有充足的养分，所以苗期也无须追肥。

苗床揭掉地膜后，用高锰酸钾 1 000 倍液或 50% 多菌灵可湿性粉剂 500 倍液轻浇幼苗基部 1 次，7 ~ 10 天后再浇 1 次，以防病害。

3. 插接操作

（1）*嫁接适期*　砧木苗和接穗苗的嫁接适期时段比较短，应抢时间嫁接，宁早勿晚。砧木适宜嫁接状态为子叶完全展开，第一片真叶已经出现未展开至开始展开时期，一般在南瓜播种后 9 ~ 13 天（图 3–103 和图 3–104）；接穗苗的子叶开始展开至充分展平都可嫁接，尤其以子叶刚刚展平时最为适宜（图 3–105），时间在黄瓜播种后 7 ~ 8 天。砧木幼苗和接穗幼苗所处的状态应相互吻合，由此可见，确定砧木和接穗的适宜播种间隔期及通过温度调控幼苗的生长速度十分重要。

图 3–103　可以开始嫁接的南瓜幼苗状态

图 3–104　即将超过嫁接适期的南瓜幼苗状态

图 3–105　达到嫁接标准的接穗黄瓜幼苗状态

（2）起苗　将砧木苗带钵从苗床中搬出，也可以不搬出苗床，在苗床内直接嫁接。接穗苗最好从苗床中带根起出。如果瓜苗比较脏，起苗后要先用清水漂洗干净，再用多菌灵或百菌清药液漂洗一遍进行消毒，然后把瓜苗放到消过毒的湿布或干净的塑料薄膜上，待晾干表面上水分后再嫁接。每次起苗量要少，否则易因不能及时嫁接而失水。

另外，也有人像割韭菜一样将接穗苗割下来漂浮在水盆中，拿到嫁接场所备用。接穗苗不带根，胚轴容易失水变软，使胚轴不易插入插孔内，即使勉强插入，插接区的质量也比较差，嫁接苗的成活率不高。将接穗苗泡在水盆中的方法虽然避免了失水，但容易感染病菌，而且如果嫁接时水分没有蒸发干净则不易成活。所以笔者认为接穗以带根起苗为好。

（3）砧木插孔　嫁接时，把栽有砧木苗的营养钵拿到嫁接操作台上，也有熟练的操作者在营养钵就地不动的情况下直接嫁接。用竹签铲掉砧木苗的真叶和生长点（图3–106）。左手拇指和食指捏住砧木苗子叶基部，右手拿竹签，将竹签在苗茎的顶面紧贴一子叶并从子叶的基部，沿子叶连线的方向，向另一子叶的下方斜插入胚轴，到达另一侧的表皮部，此时，抵在砧木胚轴上的手指会感觉到竹签的压力，说明深度够了（图3–107）。之所以不垂直插，主要是为避免将接穗插入砧木的空腔中。插孔长8毫米，尽量不要将砧木胚轴表皮穿透。否则，接穗容易从漏洞处长出不定根，不定根

图3–106　铲除砧木苗生长点和真叶

深入土壤，嫁接的意义就完全丧失了。插好接孔后，将竹签留在接孔，暂时不要拔出来，腾出手来削接穗（图 3-108）。

图 3-107　砧木苗插孔

图 3-108　将竹签暂时留在砧木上

（4）削接穗　取一株接穗苗，用左手拇指和中指捏住子叶，用食指托住胚轴，胚根朝外，用刀片在子叶的正下方一侧，距子叶基部 5 ~ 10 毫米远处，向外斜削一刀，再把接穗翻过来，在上一刀的背面再削一刀（图 3-109）。将接穗胚轴削成具有双斜面的楔形，楔形接口长度约 7 毫米（图 3-110）。

图 3-109　削接穗

图 3-110　双斜面楔形接穗

（5）插接　插接的操作顺序是先在砧木上插孔后削切接穗。接穗削好后，随即从砧木苗茎上拔出竹签，把接穗插入砧木的插孔中，要求插到插孔底部不留空隙（图 3-111）。接穗子叶与砧木子叶呈“十”字形（图 3-112）。此时，嫁接操作就算完成了。随

图 3–111　将接穗插入砧木接孔

图 3–112　接穗子叶与砧木子叶呈“十”字形

即把嫁接苗放入苗床内，尽量缩短嫁接苗在苗床外的停留时间，并对营养钵进行点水，同时将苗床用小拱棚扣盖严实，保持空气湿润。虽然插孔有一定的紧实度，只要没有外力，基本能将接穗夹住，但也有人用塑料嫁接夹进一步固定，这样虽然麻烦，但可提高嫁接成活率。

需要特别注意的是，插接的各个操作环节要一气呵成，如果接穗削好后不能立即嫁接，就应用消过毒的湿布盖住或把苗茎切面含在口内保湿，保证黄瓜苗穗切削后不失水。

4. 嫁接后管理　在嫁接过程中，嫁接苗的部分组织受到创伤，需要早日恢复，愈合伤口，重新开始生长，因此管理上要十分精细。

（1）*光照*　在嫁接当天和第二天要保持小拱棚的密闭状态，保持 95%以上的空气相对湿度，同时放下苗床对应位置温室的草苫，进行遮荫。也可以在小拱棚上覆盖草苫或遮阳网进行适度遮荫（图 3–113)。注意，不是让苗床处于完全黑暗的状态，其遮光程度以嫁接苗不萎蔫为宜。第三至第五天可以在早、晚光照弱时让苗床少量进光，第六天以后即可把小拱棚两侧的薄膜揿开一部分，以后逐渐扩大，让苗床逐渐适应正常光照并进行通风换气。

（2）*温度*　嫁接后，苗床白天气温应控制在 25℃～30℃，地温为 25℃，夜间最低温度最好能控制在 20℃以上。开始几天气温要通过遮荫调控，不要用通风换气的方式调节。从第四天开始，白天气温仍应保持在 25℃～30℃，地温 23℃～25℃，夜间温度控制在 17℃～20℃。成活后，早晨气温最低应保持 12℃，早晨最低地温保持 17℃；白天气温 25℃～30℃，地温 23℃；傍晚气温 16℃，地温应达到 20℃。

图 3-113　苗床上搭建小拱棚遮荫保湿

（3）湿度　刚嫁接后，苗床内湿度应接近 100%。第二天、第三天不通风，但要使一定量的阳光照射进苗床内。以后可通过遮荫、换气相结合的办法调节温度、湿度，促使嫁接苗早日成活。嫁接苗完全成活时，逐渐除去小拱棚，排除湿气，进行正常管理。

（五）斜插接育苗

要求先播种接穗黄瓜，3～4 天后再播种砧木南瓜。黄瓜播种在铺土苗床上，南瓜播种在营养钵中。营养土的配制方法参见前述。

1. 砧木苗培育　将装好营养土的营养钵整齐地摆放在苗床

内，钵与钵之间不要留空隙，以防营养钵下面的土壤失水（见图3–7）。摆放好后，不能立即播种，最好放置2天，让营养土中的化肥和农药所产生的挥发性气体充分释放出来。否则，出苗期间，幼苗的叶片容易受害。在播种前要浇足水，浇水时先从苗床的侧面向营养钵下面的土壤浇水，再从营养钵上面一个钵一个钵地浇水，浇水量要均匀一致（见图3–92），这样可保证出苗整齐，幼苗生长也容易做到整齐一致。浇水后即可播种。将南瓜种子平放在营养钵中央，每钵1粒，种子胚根朝下。如果胚根较长，可以用一根筷子在营养钵中央插一个孔，把胚根插入孔中，再用手指将孔口弥合，让胚根与营养土紧密接触（图3–114）。随播种随覆土，用手抓一把潮湿的营养土，放到种子上，形成2～3厘米厚的圆土堆。覆土操作要由一个人完成，以便做到覆土均匀，保证出苗整齐（图3–115）。

图3–114　播种砧木

图3–115　播种覆土后营养钵状态

播种后，在营养钵上覆盖地膜或在苗床上搭建小拱棚，保温保湿，以利于出苗（图3–116）。幼苗开始拱土时，揭开地膜（图3–117）；覆盖小拱棚者，要在幼苗出齐后通风降温。嫁接前的苗期管理方法参见靠接育苗相关内容。

图 3–116　苗床上搭小拱棚保温保湿

图 3–117　幼苗拱土时揭开地膜

2. 接穗苗培育　整平苗床（图 3–118），上铺至少 5 厘米厚营养土，用喷壶浇水，水要浇透。然后播种，种子间距 5 厘米，胚根朝下，种子平放。播种后覆土 1～2 厘米，而后覆盖小拱棚增温保湿，促进出苗。幼苗拱土后揭开小拱棚薄膜通风，降低温度，让接穗幼苗健壮生长（图 3–119）。苗期管理方法参见靠接育苗相关内容。

图 3–118　整平的苗床

图 3–119　揭开棚膜的接穗苗床

3. 斜插接操作　嫁接要在温室或大棚等密闭场所进行，并覆盖草苫或遮阳网遮荫（图 3–120）。同时搭建好保湿的小拱棚，随

图 3–120　嫁接场所要适度遮荫

时将完成嫁接的幼苗移入小拱棚中。如果操作场所的空气较干燥，应提前向地面喷水增湿。

南瓜砧木幼苗子叶展平、心叶出现时可以开始嫁接，直至第一片真叶展开，仍可嫁接。但随着幼苗的长大，下胚轴中会形成空腔且逐渐加大，接穗如果过多或完全插入空腔中，会影响嫁接成活率。接穗幼苗以子叶展平、第一片真叶出现直至展开至 1 元硬币大小时为宜。如果接穗苗过大，应改用靠接法嫁接；如果接穗苗过小，则应改用顶插接法嫁接。

嫁接时先切削砧木。将用营养钵培育的南瓜砧木幼苗放到嫁接台上，用刀切除两片子叶之间的幼小真叶及生长点（图 3–121）。然后在与两片子叶连线垂直一侧的子叶下 1 ~ 1.5 厘米的位置，向斜下方呈 30°~ 35°角斜切一刀，深度达到砧木胚轴粗度的 2/3（图 3–122)。

图 3–121　去掉真叶和生长点的南瓜砧木幼苗

图 3–122　砧木幼苗切削的位置

再切削接穗。将少量接穗幼苗拔出，无须携带泥土，放在碗或盆等容器中。左手取接穗幼苗，幼苗上部面向操作者，幼苗真叶朝上。右手持锋利的剃须刀片，从真叶下方 1～2 厘米处下刀，向幼苗基部呈 30°～35° 角切削，匀速向前推进刀片（图 3–123），切口要平且不带毛刺。有人将接穗切削一面嫁接，这样嫁接后，随幼苗生长，接穗另一面没有切口不能与砧木弥合，嫁接苗容易从接口处掰开。因此，我们提倡两面切削，即应把接穗苗翻过来，切削另一面，形成一个楔形接口（图 3–124）。

图 3–123　嫁接操作

图 3–124　两面切削接穗

将接穗带有真叶的一侧朝外，迅速向斜下方插入砧木切口，并保证接穗的一侧与砧木相平（图 3–125）。因为瓜类蔬菜的维管束都是呈环形排列，一侧平齐便于接穗与砧木的维管束对接。砧木下胚轴中央是空腔，在幼苗较大时，从中间插入不易成活，应采用斜插嫁接法。嫁接完成后从接穗一侧入夹固定（图 3–126）。然后迅速将嫁接苗移入小拱棚中，遮荫保湿，促进接口愈合。

图 3–125　插入接穗的状态

图 3–126　用嫁接夹固定

嫁接后会有一个短暂的萎蔫过程，一般翌日即可恢复，初学者不必紧张（图 3–127）。嫁接后管理参见前述相关内容。

图 3–127　嫁接苗暂时萎蔫状态

（六）劈接育苗

劈接法在生产上应用较少，但由于其对苗龄要求不太严格，可以在砧木和接穗苗超过插接法适期时采用。

1. 接穗苗和砧木苗培育　接穗播种时间和方法与插接法相似。低温季节，黑籽南瓜比黄瓜早播种 4 ~ 5 天。嫁接适期有一定范围，黄瓜苗是第一片真叶可以看见至尚未展开时期，而黑籽南瓜是从真叶出现至第一片真叶长至 5 厘米大小时期。

2. 劈接操作　嫁接要在相对密闭遮荫的场所进行，空气相对湿度应不小于 90%。先切削砧木，用酒精浸过的锋利刀片将黑籽南瓜的生长点切掉，去掉腋芽（见图 3–26）。然后在胚轴一侧，用刀片自上而下劈长 1 ~ 1.5 厘米的切口。注意，不是将胚轴一劈两半，而是像给人做手术一样，在胚轴侧面由上至下划一道口，

切口深度与接穗胚轴的粗度相同，接穗胚轴粗就切得深些，反之则浅些（图 3–128）。因此，有人又将这种劈接方法称为“半劈接法”。

然后切削接穗。以 30°角将接穗胚轴削成双斜面楔形，接面长 1～1.5 厘米（图 3–129）。

图 3–128　在砧木苗胚轴侧面由上至下划口

图 3–129　切削接穗

用左手食指和拇指轻捏砧木子叶节部位，右手食指和拇指轻拿接穗插入切口内，使砧木和接穗的楔状组织紧密接合，要求砧木和接穗胚轴表面要平整，子叶平行（图 3–130），用嫁接夹从接穗一侧固定（图 3–131）。随嫁接随放入预先准备好的小拱棚内。

图 3–130　将接穗插入砧木接口中，胚轴表面平整，子叶平行

图 3–131 用塑料嫁接夹固定

3. 嫁接后管理 嫁接后一般 24 小时内便可形成愈伤组织，10 天内是嫁接伤口的愈合期，2 周左右即可完全合为一体。

（1）湿度管理 嫁接后前 3 天，如果湿度低，每天要用喷雾器喷 3 次水，喷头向上，让雾点自然下落，以免水滴流入接口引起接口腐烂。空气相对湿度最好能达到 100%。3 天后，可适当通风降温，但湿度要保持在 90%～95%。

（2）温度管理 嫁接后 3 天内是形成愈伤组织和接口愈合的关键时期，白天地温应控制在 25℃左右，小拱棚内空气温度白天保持在 25℃～28℃，夜间 15℃～20℃。嫁接 3 天后开始通风，地温可降至 20℃左右，气温白天 28℃左右，夜间 15℃～20℃。嫁接苗成活后地温稳定在 15℃以上，气温白天 25℃～30℃，揭开草苫后许可短时间内降至 8℃～10℃，超过 30℃开始通风，前半夜 15℃～20℃，后半夜 10℃～15℃，昼夜温差应达 15℃左右。定植前 7 天，地温可降至 15℃左右。有条件的可采用双层薄膜覆盖或电热温床，以便控制温度的升降。

（3）光照管理 嫁接后前 3 天要用草苫、遮阳网或黑色薄膜等遮荫，防止温度过高造成接穗失水过多而萎蔫。3 天后早、晚适当见光，以后逐日增加光照量进行幼苗锻炼，10 天后视情况全部撤除遮阳物。炼苗期间如遇叶面萎蔫应立即重新覆盖遮阳物并喷水，以便使叶片恢复正常。

（4）去除腋芽 嫁接后有些砧木萌发出新芽或个别砧木在嫁接时生长点和腋芽去除得不彻底，要及时去掉。

四、无土嫁接育苗技术

无土育苗是指采用非土壤的固体材料作基质，浇灌营养液的育苗方式。无土育苗既可保证水分和养分充足供应，基质通气良好，更便于科学、规范管理。培育的幼苗根系发育好，生长迅速，苗龄短，健壮、整齐，定植后缓苗时间短，易成活。同时，无土育苗还可避免土壤育苗带来的土传病害和线虫为害。无土育苗技术与嫁接育苗技术相结合，是当前商业化育苗的一项重要技术手段。

（一）营养液配制

1. 营养液配方组成原则 营养液必须含有植物必需的全部元素。包括除碳、氢、氧以外的所有必需营养元素，即氮、磷、钾、钙、镁、硫等大量元素和铁、锰、硼、锌、铜、钼、氯等微量元素（图4–1）。

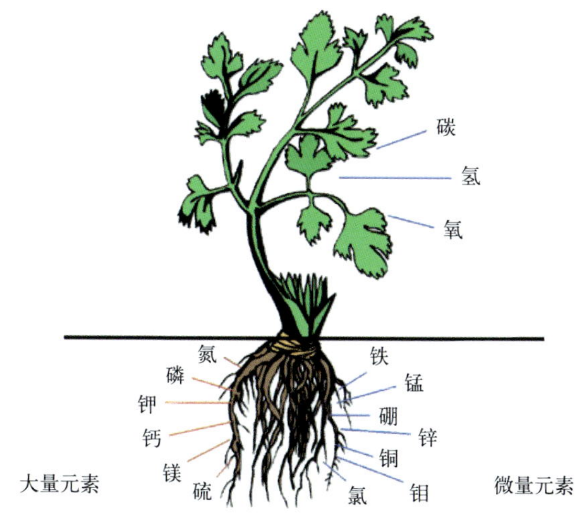

图 4–1 植物生长发育必需元素示意

2. 营养液配制方法 一般采用浓缩液稀释法配制营养液，即先将肥料分组，配制浓缩液，使用时再稀释成栽培液。也可以采用直接配制法。现把浓缩液稀释法介绍如下。

(1) 确定浓缩倍数 根据配方中各种化合物的用量及其溶解度来确定其浓缩倍数。浓缩倍数太高，肥料溶解较慢，操作不便，溶解的肥料还会因过于饱和而析出。通常，大量元素肥料配制成浓缩 100、200、250 或 500 倍液，而微量元素由于其用量少，可配制成 500 或 1 000 倍液。配制成整倍数是为了操作方便，生产上通常配制 100 倍浓缩液。

(2) 分罐 把相互之间不会产生沉淀反应的化合物放在一起溶解。一般用 3 个贮液罐（图 4–2)，分别盛放浓缩 A 液、浓缩 B 液和浓缩 C 液（或称为 A 母液、B 母液和 C 母液）。

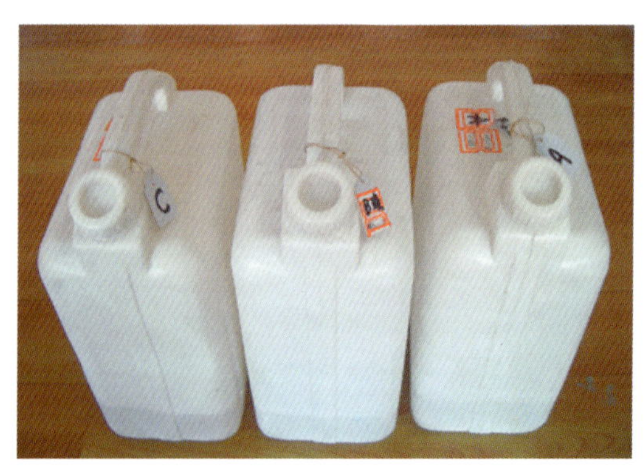

图 4–2 三罐法配制浓缩液

浓缩 A 液以钙盐为中心，凡不与钙盐产生沉淀反应的化合物均可放置在一起溶解；浓缩 B 液以磷酸盐为中心，凡不与磷酸盐产生沉淀反应的化合物可放置在一起溶解；浓缩 C 液将微量元素放在一起溶解，使用螯合剂时，要先将螯合剂与金属离子配制成螯合物后，再用于配制浓缩液。

(3) 称量 大量元素肥料可以从市场上购买农用品或工业用品，没有必要使用化学试剂，而微量元素用量少，要求纯度高，应该使用化学试剂。如果配制的浓缩液量比较少，称量大量元素

肥料时，可以使用普通的托盘天平，但称量微量元素肥料时，应该使用精度能达到 1/1 000 克的电子分析天平（图 4–3 和图 4–4）。称量时，要按配方依次称取各种肥料，置于干净容器中或塑料袋中，或平摊在铺于地面的塑料薄膜上待用。称肥料时，一定要核实肥源，做到名物相符，切勿张冠李戴，尤其是化学名称相近的肥料更应注意。例如，不能将 EDTA–Na_2 当成 EDTA–Fe_2Na。称量要准确，要反复核对配方要求的量与实际称量的量是否一致（图 4–5）。

图 4–3　托盘天平

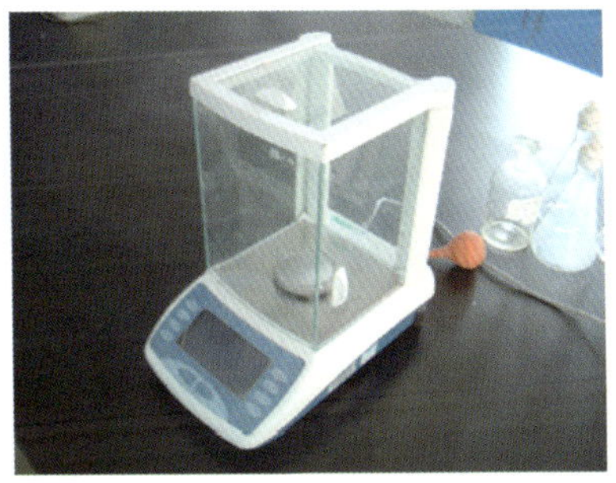

图 4–4　电子分析天平

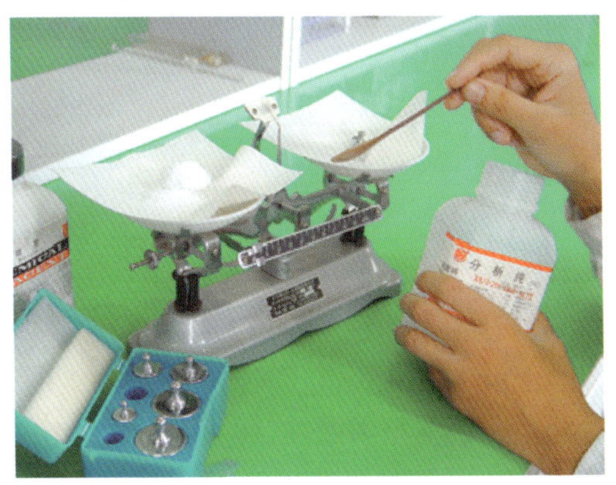

图 4–5　称量操作

将称好的各种肥料摆放整齐，并进行最后一次核对，确保没有疏漏。配制营养液所用肥料较多，尤其是几个人同时操作时，很容易出差错，因此最后一步的检查绝不能少。认真记录各种肥料的用量，以备以后核查。

称量操作虽然简单，但却是配制营养液的关键步骤，千万不能疏忽。实践中曾有这样的例子，栽培植物出现缺素症状，经反复核查，才发现竟然是由于配制营养液时遗漏一种肥料造成的。

（4）溶解　将配制浓缩 A 液和浓缩 B 液中的各种化合物分别放在容器中，不断搅拌，使之溶解（图 4–6）。然后，加水定容至预定体积，搅拌均匀即可（图 4–7）。

图 4–6　溶　解

图 4–7　定　容

在配制 C 液时，先取所需配制体积 80%左右的清水，分为两份，分别放入两个塑料容器中，称取 $FeSO_4 \cdot 7H_2O$ 和 EDTA–Na_2 分别加入这两个容器中，溶解后，将溶有 $FeSO_4 \cdot 7H_2O$ 的溶液缓慢倒入 EDTA–Na_2 溶液中，边倒边搅拌；然后称取 C 液所需称量的其他各种化合物，分别放在小的塑料容器中溶解，然后分别缓慢地倒入已溶解了 $FeSO_4 \cdot 7H_2O$ 和 EDTA–Na_2 的溶液中，边倒边搅拌，最后加清水至所需配制的体积，搅拌均匀即可。

浓缩液配制完成后，A 液和 B 液应是无色透明的，C 液应是蓝绿色的。

为了防止长时间贮存浓缩营养液产生沉淀，可加入 10% 的 H_2SO_4 或 HNO_3，将溶液 pH 值调至 3 ~ 4，而后将配制好的浓缩母液置于阴凉避光处保存。浓缩 C 液最好用深色容器贮存。

（5）稀释　在贮液池或其他盛装栽培液的容器中注入所需配制体积60%～70%的水，量取浓缩A液并倒入其中，搅拌均匀（图4–8）。然后再量取浓缩B液，为确保不产生沉淀，先用较大量的清水将浓缩B液稀释后再缓慢地倒入，边倒边搅拌。最后量取浓缩C液，按照浓缩B液的加入方法加入容器中。加水至最终体积，搅拌均匀后即可施用（图4–9）。

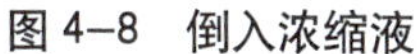

图4–8　倒入浓缩液

图4–9　加水至预定体积

（6）检测　电导度(EC)可反映出营养液总盐浓度，按一般配方配制而成的稀释液电导度在2～3毫西／厘米。如果电导度过高，说明营养液太浓，使用起来有危险，应反省是否在配制过程中称量或操作有误。如果配方本身配成的营养液电导度就偏高，可以加水稀释；如果浓度偏低，可以适量增加浓缩液用量（图4–10）。

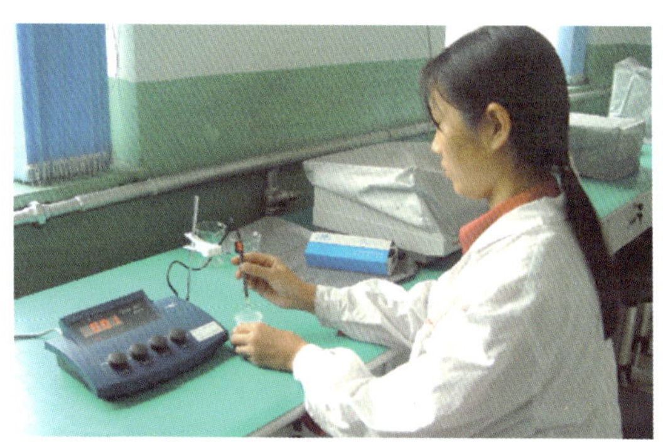

图4–10　检测营养液电导度

营养液的酸碱度用 pH 值表示，pH 值为 7 时溶液呈中性，pH 值＞7 时呈碱性，pH 值＜7 时呈酸性。对大多数蔬菜来讲，pH5.5～6.8 的弱酸性环境最理想，pH 值过高或过低会损伤根系。黄瓜适宜 pH 值为 6.5。

目前，检测 pH 值的方法主要是比色法和电位法。比色法即用 pH 试纸比色，操作简单，但准确性差，只能测出大致范围。方法是取一条试纸浸入营养液，立即取出，与标准色卡比较即可估计出 pH 值。此法较粗放，且 pH 试纸放置时间过长容易失效，引起很大的误差（图 4–11）。电位法是根据电极浸入营养液后，其内外溶液中 H^+的活性不同而产生电位差的原理测定营养液 pH 值，使用的仪器称为 pH 测定仪（酸度计、pH 计）。目前，市场上有多种产品，较为先进的是数字式防水酸度计，用此法检测 pH 值，简单、快速、准确（图 4–12）。

图 4–11　pH 试纸和比色卡

当营养液 pH 值高于植物适宜 pH 值上限，就要用稀酸中和调节。一般选用稀硫酸 (H_2SO_4) 或稀硝酸 (HNO_3)。营养液的 pH 值过低时用稀碱溶液如氢氧化钠 (NaOH)、氢氧化钾 (KOH) 来中和。如果粗放操作，可以逐渐地、少量地加入稀酸或稀碱，边加入边

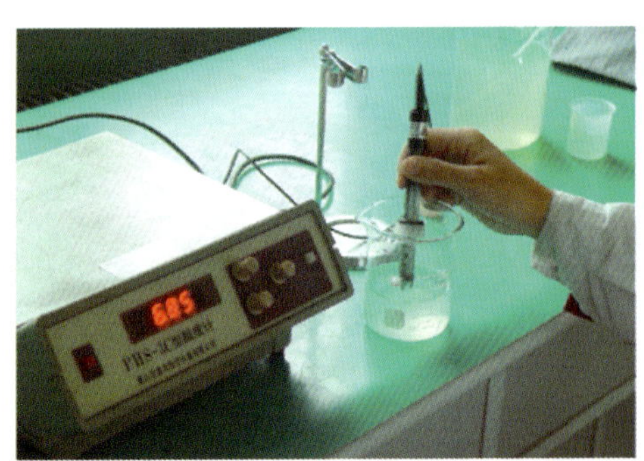
图 4–12　用酸度计检测营养液酸碱度

搅拌，并测量 pH 值，直至达到预定值为止。精细管理时，应先进行小量的滴定试验，而后计算出用酸量或用碱量。

3. 营养液配方实例 经过多年实践证明许多配方，不仅适用于某一种作物，而且同样适用于与这种作物相类似的另外一些作物，这种配方称为通用配方，如霍格兰配方、日本园试配方中许多配方即为通用配方。

蔬菜幼苗对营养液浓度的耐受力比成株低，因此在幼苗生长初期，使用 0.5 剂量的营养液（浓度为正常配方浓度的一半），幼苗生长后期可使用 1 剂量营养液（正常浓度），表 4–1 中配方均为栽培用营养液浓度（1 剂量）。另外，各种配方的微量元素部分可以通用。配制时，可选择各配方中大量元素配方加微量元素通用配方，计算各种肥料用量。

表 4–1　黄瓜营养液配方

大量元素肥料	用量（千克／米 ^{3}）	微量元素肥料	化合物用量（克／米 ^{3}）
硫酸铵	0.19	$EDTA-Na_2Fe$（或硫酸亚铁）	20 ~ 40 (15)
硫酸镁	0.537	硼酸（或硼砂）	2.86(4.5)
硝酸钾	0.915	硫酸锰	2.13
磷酸一钙	0.589	硫酸铜	0.05
过磷酸钙	0.337	硫酸锌	0.22
钼酸铵	0.02		

注：铁、硼肥料分别二选一即可。

（二）常用育苗基质

1. 无机基质

（1）*蛭石* 为云母类次生矿物在 1 000℃ 炉体中受热膨胀而形成的多孔海绵状物质。质地较轻，容重为 80 ~ 160 千克／米 ^{3}，具有良好的透气性、保水性，同时阳离子交换量较高，具有较强的保肥力和缓冲能力。蛭石中含较多的钙、镁、钾、铁，可被作物吸收利用。因产地和组成不同，呈中性或微碱性。蛭石与酸性

图 4–13　蛭　石

基质（如泥炭）混合使用时不会发生问题，单独使用时如 pH 值太高需加入少量酸调整。蛭石可单独用于水培育苗，或与其他基质混合用于栽培。育苗用蛭石可稍细些，使用新蛭石时不必消毒（图 4–13）。

（2）珍珠岩　由硅质火山岩在 1 200℃高温下燃烧膨胀而成。白色、质轻，呈颗粒状，粒径大小不同，为 1～3 毫米，育苗时可选择颗粒直径小的珍珠岩，容重为 80～130 千克／米^3，总孔隙度 93%，可容纳自身重量 3～4 倍的水。易于排水和通气，化学性质比较稳定，呈中性。阳离子代换量小，含有硅、铝、铁、钙、锰、钾等氧化物。不易分解，但遭受碰撞时易破碎。育苗时可单独使用，但质轻，浇水过猛易漂浮，不利于固定根系，因而多与其他基质混合使用（图 4–14）。

图 4–14　珍珠岩

（3）沙　一般含二氧化硅 50%以上。沙没有阳离子代换量，使用时以选用粒径为 0.5～3 毫米的沙为宜。太粗则通气过盛、保水能力弱，植株易缺水，不便营养液的管理；而太细则易积水，造成植株根际涝害。海边的沙通常含较多的氯化钠，要用清水冲洗后才能使用。石灰性地区所产的沙，其碳酸钙含量低于 20%的方可使用。

（4）炉渣　炉渣容重适中，为 700 千克／米^3，有利于固定

作物根系（图 4–15）。具有良好的理化性质，含有较多的速效磷、碱解氮和有效磷，并且含有植物所需的多种微量元素，如铁、锰、锌、钼、铜等。但未经水洗的炉渣 pH 值较高。炉渣必须过筛方可使用，且不宜单独用作基质，混配用量也不宜超过 60%（体积）。

图 4–15 炉 渣

此外，还有农用岩棉、石砾、陶粒等无机基质。

2. 有机基质

（1）草炭 又称泥炭，来自泥炭藓、灰藓、苔草和其他水生植物的分解残留体（图 4–16）。我国北方出产的草炭质量较好。草炭质地细腻，持水力强，具有良好的通气性和阳离子交换量。富含有机质和丰富的营养物质，具有较强的缓冲能力。草炭多与其他基质混合使用，其用量为 25%~ 75%（体积）。用草炭作基质进行无土育苗，管理方便，成功率高。

图 4–16 草 炭

（2）菇渣 菇渣主要成分是棉籽壳，为废弃的食用菌培养基（图 4–17）。种过平菇等食用菌后淘汰时，可以收集起来，用铁锹拍打成大块，然后喷水，覆盖塑料薄膜，30 天后即可分离、粉碎，供育苗之用。如果急于使用，可

图 4–17 菇 渣

图 4–18　菇渣过筛即可作为育苗基质使用

以打碎、过筛，然后与其他基质混配（图 4–18）。菇渣容重为 240 千克 / 米^3，使用前要消毒。

（三）穴盘无土嫁接育苗

利用穴盘作为育苗容器的黄瓜嫁接育苗，是将砧木种子播在穴盘之中，接穗种子播在平底盘或铺有基质的苗床上，达到嫁接适宜时期后，采用插接或劈接的方式嫁接，由于生长空间有限，通常不采用靠接的方法。

1. 穴盘及基质准备　穴盘为塑料制品，具有各种规格。黄瓜常用 72 孔穴盘，规格为 4 厘米 ×4 厘米 ×5.5 厘米 / 穴（图 4–19）。通常以草炭、蛭石等为育苗基质，播种时一穴一粒，成苗时一穴一株，根系与基质紧密缠绕结合在一起，根坨呈上大下小的塞子状，定植时不伤根，定植后缓苗快，定植成活率可达 100%。而且，穴盘育苗省时、省工、省力，幼苗的素质显著提高，穴盘苗的苗龄虽短，但由于基质、营养液等均实行科学配方，规范化管理，所以幼苗根系发达，茎粗壮，叶片厚，生活力强。

图 4–19　72 孔穴盘

育苗可用多种基质，如蛭石、珍珠岩、煤渣、炭化稻壳、草木灰、锯末、草炭、甘蔗渣等，但最常用基质是蛭石、珍珠岩、草炭。基质材料可单独使用，但最好是按适当的比例将 2 ~ 3 种基质混合使用。如草炭、蛭石按1∶1或2∶1混合，草炭、蛭石、锯末按1∶1∶1混合。混合各种基质时要喷水，使基质湿润，尤其是在使用草炭时，需要大量喷水（图4–20）。

图4–20　混配基质

2. 培育砧木苗　将混合均匀的基质装入穴盘，表面用木板刮平（图4–21）。而后，将装好基质的7～10个穴盘叠放在一起，用双手摁住最上面的育苗盘向下压。这样，上边的穴盘的底部会在其下面穴盘基质表面的相应位置压出深约0.5厘米的凹穴（图4–22）。

图4–21　铺基质

图4–22　摁　压

种子消毒、浸种、催芽方法参照前述相关内容。每穴播种1粒种子（图4–23）。播种后，在种子表面覆盖蛭石，并将其刮平（图4–24和图4–25）。蛭石提前拌湿，覆盖后不再喷水。如果蛭石较干燥，覆盖后可以用喷雾器喷水（图4–26）。

苗期管理。播种后穴盘覆盖地膜或无纺布，以减少水分蒸发（图4–27）。出苗后及时除去覆盖物。注意调节温、湿度，尤其要保证光照充足，具体环境调控方法参照前述相关内容。

图 4–23　播　种

图 4–24　覆盖蛭石

图 4–25　刮　平

图 4–26　喷　水

图 4–27　穴盘覆盖地膜保湿

育苗期间营养液供应对幼苗的生长发育影响很大，要科学控制供液量和供液浓度。出苗后及时喷营养液，要以勤施少量和低浓度为宜。后期逐步恢复为标准浓度。如果育苗基质中含有大量草炭，由于其本身含有丰富的营养，因此苗期也可用复合肥 ($N-P_2O_5-K_2O$ 含量为 15–15–15) 浸提液，在子叶期，可用 0.1%浓度，第一片真叶出现后浓度提高至 0.2% ~ 0.3%。注意调整 pH 值，以 pH 值 5.8 ~ 6.5 为宜。供液和供水相结合。夏季气温高，每天喷水 1 次，每隔 1 天喷肥 1 次。冬季每隔 2 ~ 3 天喷 1 次水或营养液，水和营养液交替喷洒。此外，整个育苗期都要注意观察穴盘苗生长状

图 4–28　生长良好的穴盘苗

况，防止出现缺素症（图 4–28）。

3. 培育黄瓜接穗苗　由于采用插接法或劈接法只需要用接穗的上部，所以可以用平底盘作接穗育苗容器并密集播种。采用草炭、蛭石混配基质，或蛭石、沙等单一基质均可。常用的平底育苗盘长 60 厘米、宽 24 厘米、高 3.5 ~ 6 厘米（图 4–29）。使用时先清洗苗盘，然后在平底盘中铺好基质，用板刮平，再喷水至有水从苗盘底孔流出（图 4–30）。之后，用板子按压基质，使之平整而紧实（图 4–31）。撒播种子，种子间距 2 ~ 3 厘米（图 4–32）。播种后再覆盖一层蛭石，厚度为 0.5 ~ 1 厘米，用手抹平或用板刮平，覆盖基质之后不再浇水（图 4–33 和图 4–34）。

图 4–29　平底育苗盘

图 4–30　喷　水

图 4–31　按压基质

图 4–32　播　种

图 4-33　覆盖蛭石

图 4-34　刮　平

营养液的科学施用参见砧木穴盘育苗相关内容，环境调控参见前述相关内容。用不同基质培养的黄瓜接穗苗如图 4-35 至图 4-37 所示。

图 4-35　用蛭石作基质培育的黄瓜接穗子叶苗

图 4-36　用沙作基质培育的黄瓜接穗子叶苗

图 4-37　用草炭和蛭石混配基质培育的接穗苗

4. 嫁接　选择插接还是劈接方法进行嫁接应视接穗大小而定。接穗苗小采用插接，接穗苗大则采用劈接。如果工作人员少，所需嫁接时间长，也可以先采用插接，当接穗变大不适宜插接时再改用劈接。

（1）插接　其嫁接适期为砧木苗子叶已完全展开，刚要发出第一片真叶（见图 3–103）；黄瓜接穗苗两子叶呈“V”形至刚刚展平（图 4–38）。插接嫁接宜早不宜晚，嫁接过晚成活率会降低。嫁接前 1 天，用 45% 百菌清可湿性粉剂 700 倍液分别对砧木苗及接穗苗喷雾；气温较高时，嫁接之前砧木苗和接穗苗都要浇水，气温较低时可不浇水。

嫁接时，先去除砧木苗的生长点，再插孔。将竹签楔形一端从砧木苗除掉第一片真叶的位置，呈稍微倾斜状态，向下扎入 0.8～1 厘米（见图 3–103）。然后插入楔形接穗（图 4–39 和图 4–40）。

图 4–38　插接适期的接穗苗状态

图 4–39　楔形接穗

图 4–40　采用插接法嫁接的穴盘苗

（2）劈接　劈接法对苗龄要求不太严格，可以在砧木和接穗超过插接适期时采用。先切削砧木，用刀片将南瓜生长顶点切掉，在胚轴一侧，用刀片自上而下劈长为 1～1.5 厘米的切口。切口深度与接穗胚轴的粗度相同。以 30° 角将接穗胚轴削成双斜面楔形，接面长 1～1.5 厘米。将接穗插入切口，用嫁接夹从接穗一侧固定（图 4–41）。

图 4–41　采用劈接法嫁接成活后的幼苗

（四）营养钵无土嫁接育苗

1. 营养钵选择及基质准备　塑料营养钵多由黑色聚乙烯制成，规格较多，有 6 厘米 ×6 厘米（钵口直径 × 高）、8 厘米 ×8 厘米、9 厘米 ×9 厘米、10 厘米 ×8 厘米、10 厘米 ×10 厘米、13 厘米 ×13 厘米等，可根据实际情况进行选择。

通常使用草炭等有机基质和蛭石、珍珠岩等无机基质配制成复合基质。其中可以掺入黄粉虫、蚯蚓粪（图 4–42）、烘干鸡粪等肥料。播种后，由于基质中含有丰富的养分，可以只浇清水，不浇营养液。在育苗后期肥料减少时，才浇灌营养液或复合肥浸提液。

2. 培育砧木及接穗苗 用营养钵培育砧木幼苗，用平底育苗盘培育接穗幼苗。嫁接材料的播种、苗期管理等技术，可参照穴盘育苗相关内容，不再赘述。

图 4–42 蚯蚓粪

3. 嫁接 一般采用插接法嫁接，接穗偏大时可采用劈接法。由于无土育苗时根系发达，触碰根系容易伤根，因而不采用靠接法嫁接。

（1）*嫁接适期* 砧木苗子叶已完全展开，刚要发出第一片真叶（图 4–43）；接穗苗两子叶呈“V”形至刚刚展平为嫁接适期（见图 4–38）。

图 4–43 用蛭石培育的嫁接适期砧木苗

（2）*起苗* 嫁接的时间性很强，最好多人协同作业，力争在砧木和接穗幼苗的嫁接适期内完成所有幼苗的嫁接任务。嫁接前 1 天，用 45% 百菌清可湿性粉剂 700 倍液分别对砧木苗及接穗苗喷雾。气温较高时，嫁接之前砧木苗和接穗苗都要浇水，而气温低时可不浇水。把砧木苗连同营养钵一起从苗床中搬出。接穗苗要连根带土从平底苗盘中起出，把苗放入盛苗箱或脸盆内，上盖湿布、湿纸或塑料薄膜等保湿物，以减少嫁接过程中的水分损失。每次起苗量应不超过 20 株，随嫁接随起接穗苗。嫁接者坐

在板凳上操作，前面摆放凳子、椅子或箱子作为操作台。嫁接的主要工具是竹签和刀片，竹签长 15 厘米左右，一端削成窄而扁，先端平齐的楔形，像小铲子。刀片就是半片锋利的剃须刀片。

（3）插接　先去除砧木苗的生长点。用左手食指和拇指轻轻地捏住砧木子叶的基部，用右手捏住竹签，从水平方向，将竹签楔形的一端铲向砧木两子叶之间夹着的小真叶及生长点，将其完全铲下来（图 4–44）。

图 4–44　用竹签除去砧木生长点

然后插孔。目前常用的插孔方式是插直孔，操作者将竹签楔形一端从砧木苗除掉第一片真叶的位置，呈稍微倾斜状态，向下扎入，深度为 0.8 ~ 1 厘米（图 4–45）。插孔后，让竹签暂时留在砧木上（见图 3–108），腾出手来切削接穗。

削接穗时用左手拇指和中指捏住黄瓜接穗的子叶，食指托住下胚轴。右手拿刀片，在子叶节正下 0.5 厘米位置向前斜削一刀，角度约 30°，把苗茎削成单斜面形（图 4–46）；再翻过苗茎，从背面斜削一刀，将接穗削成具有双斜面的楔形（见图 4–39）。

图 4–45　用竹签在砧木上插孔

图 4–46　切削接穗

插入接穗时用右手拇指和食指轻轻捏住已削好的接穗，随之拔出砧木上的竹签，迅速顺着竹签插入方向，向砧木苗茎的插孔内插入接穗，要插到插孔的底部，不留空隙，使接穗与砧木紧密贴合（图 4–47）。插接后，接穗子叶与砧木子叶应呈“十”字形（见图 3–112）。嫁接后，立即将嫁接苗放入苗床，并对苗钵进行点浇水，同时还要将苗床用小拱棚扣严，保温、保湿，以利于成活。

图 4–47　插入接穗

4. 嫁接后管理　嫁接后一般 24 小时内便可形成愈伤组织，10 天内是嫁接伤口的愈合期，2 周左右即可开始正常生长。

（1）湿度管理　嫁接后前 3 天，如果湿度低，每天要用喷雾器喷 3 次水，喷头向上，让雾点自然下落，以免水滴流入接口引起接口腐烂。空气相对湿度最好能达到 100%，3 天后，可适当通风降温，但湿度要保持在 90%～95%。

（2）温度管理　嫁接后3天内是形成愈伤组织和接口愈合的关键时期，白天地温应控制在25℃左右，小拱棚内气温白天保持在25℃～28℃，夜间15℃～20℃。嫁接后3天开始通风，地温可降至20℃左右，气温白天28℃左右，夜间15℃～20℃。嫁接苗成活后地温应稳定在15℃以上，气温白天25℃～30℃，夜间前半夜15℃～20℃，后半夜10℃～15℃，昼夜温差达15℃左右。揭开草苫后许可短时间内降至8℃～10℃，超过30℃开始通风。定植前7天，地温可降至15℃左右。有条件的可采用双层薄膜覆盖或电热温床，以便控制温度的升降。

（3）光照管理　嫁接后前3天要用草苫、遮阳网、黑色薄膜等遮荫，防止温度过高造成接穗失水过多而萎蔫，3天后早、晚适度见光，以后逐日增大光照量进行幼苗锻炼，10天以后视情况全部撤除遮阳物，炼苗期间出现叶面萎蔫时应立即重新覆盖遮阳物并喷水，以便使叶片恢复正常。

（4）去除腋芽　个别砧木苗在嫁接时生长点和腋芽去得不彻底，嫁接后可能萌发新芽，要及时去掉。生长良好的嫁接苗如图4–48所示。

图4–48　生长良好的嫁接苗状态

（五）营养块育苗

营养块育苗可以为无土栽培的基质栽培育苗，也可以为设施、露地的土壤栽培育苗。砧木南瓜种子播在营养块中，接穗种子则密集地播在平底育苗盘中，以后采用插接或劈接法嫁接，播种间隔天数做相应调整。营养块是以草炭为主要原料，加入了无机基质、肥料、杀菌杀虫剂，并调节酸碱度，然后利用机械压制而成的基质块。营养块育苗基本过程如下。

1. 做苗床 平整土地，做宽 0.6～1.2 米，长度按需要自定的苗床，四周筑起高 5 厘米的土埂，也可用砖、木杆、玉米秸秆等做苗床边框。苗床内部铺没有孔洞的塑料薄膜，以防浇水后渗漏。将营养块摆放在薄膜上，按蔬菜种类和苗龄确定营养块间隔距离，一般间距为 1～2.5 厘米（图 4–49）。

图 4–49 做好苗床后摆放营养块

2. 浇水 掌握“一喷二灌三再喷”的原则，一喷，即先对摆放好的营养块自上而下雾状喷水 1～2 次（图 4–50）。二灌，就是用小水流从苗床边缘灌水至淹没块体，水吸干后再灌 1 次，以营养块完全疏松膨胀而苗床无积水为宜。当营养块吸水浸润位置距离上表面 2 毫米左右时停止浇水（图 4–51）。三再喷就是改用均匀喷水，使营养块完全膨胀。可用牙签、铁丝等细物扎刺营养块没有硬芯即可（图 4–52）。浇水后 2 天内不要移动营养块。

图 4–50　喷　水

图 4–51　从营养块缝隙浇水

图 4–52　检查营养块是否浇透

3. 播种 浇水后3～5小时，将经过浸种催芽的砧木南瓜种子放入营养块的孔穴中（图4–53）。播种后覆盖草炭、蛭石混配的复合基质（图4–54），有些产品包装箱内附带有覆盖用的基质也可采用。如果是土壤栽培育苗时，可以覆盖营养土。覆盖基质后不要立即浇水，以免板结。

图4–53 播 种

4. 苗期管理 育苗期间，注意监测和调控温度，预防烧苗或冻害。苗期浇水应采用小流水从营养块间或苗床边缘缓慢浇水（溜缝），使水自下而上渗入块体。切忌喷水和苗床积水。将来定植时，营养块不露出地面，上面盖土2～5厘米即可。定植后一定要浇1次透水，利于根系下扎，若管理正常则无缓苗期。

图4–54 覆盖基质

嫁接方法以及嫁接后管理参照前述相关内容。

（六）工厂化育苗

为大量、迅速培育出黄瓜嫁接苗，可采用工厂化育苗技术。工厂化育苗是指在人工控制的最佳环境条件下，充分利用自然资源和科学化、标准化技术指标，运用机械化、自动化手段，使幼苗生产达到快速、优质、高产、高效，成批而稳定的生产水平。特点是育苗时间缩短，产苗数量大，幼苗质量高，适于大批量商

品化幼苗生产。

1. 工厂化育苗设施

（1）基质处理车间　工厂化育苗一般为批量生产，基质用量较大。通常使用复合基质，有时还需基质混合搅拌机或消毒机等，所以基质处理车间不但要存放一定量的育苗基质，而且还要能容纳相关机械，并留有作业空间。

基质的存放，一般可搭天棚，周围既能通风，又利于搬运，还不易受雨淋等。最好不要露天存放，风吹日晒，包装袋易破碎。雨淋易使营养成分损失，而且容易被污染等。基质混合或消毒，视情况可在天棚或通风良好的车间，尤其是经消毒后的基质存放要避免与未消毒的基质接触，保证不再被污染。

（2）装盘、装钵及播种车间　混合、消毒后的基质，即可运到装盘、装钵车间。具有工厂化育苗的装盘、装钵操作都是机械完成，即使是营养块育苗方式也是由机械完成制块过程的。育苗工厂中，基质混合搅拌机和装盘、装钵一般是与播种流程机械连接在一起的（图 4–55）。所以，需要的作业场所要宽敞，至少要有 14 ～ 18 米 ×6 ～ 8 米的作业面积。车间内完成自基质搅拌、装盘、装钵至播种后覆土、洒水等全过程。因此，还要求本车间的设施要通风良好，有供水来源。

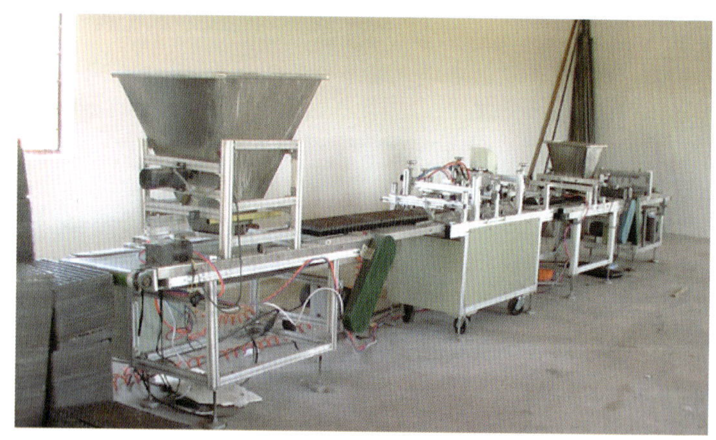

图 4–55　工厂化育苗机械流水线

精量播种机是工厂化育苗生产线的核心。根据播种机的作用原理不同，可分为真空吸附式和机械转动式两种类型。真空吸附式播种机对种子粒径大小没有严格要求，可直接播种，但价格较贵，效率低。机械转动式播种机对种子粒径的大小和形状要求比较严格，播种之前必须把种子丸粒化（在种子表面包裹肥料、农药等物质，做成大小一致的丸粒），但价格便宜，效率较高比较适用（图 4–56）。

图 4–56　机械转动式穴盘播种机

（3）催芽室　蔬菜工厂化穴盘育苗，一般采用丸粒化种子播种或包衣种子干播，播种覆土后将穴盘基质洒透水，然后把穴盘一同放进催芽室内。要求催芽室要有一定空间，而且室内的温度和湿度条件要能调控，以便根据各种作物发芽的最适温、湿度条件调节。规模化育苗，虽然一次性播种的量也较大，但多为将种子催芽后人工播种，所以不需要催芽室。播种后，直接摆放在温室中，保持适宜温度、湿度即可（图 4–57）。

催芽室可以自行设计建造。在我国北方寒冷地区应建在育苗用的温室或大棚内，由于温室或大棚内温度较高，可以减少加温

图 4–57　播种后直接摆放在温室苗床上并覆盖薄膜保湿

能耗，效果更佳。建在温室或大棚内的催芽室可采用钢筋骨架，双层塑料薄膜密封，两层薄膜间有 7～10 厘米空间。因为能透光，既能增加室内温度，又可使幼苗出土后即可见光，不会黄化。为避免阴雨低温天气，催芽室内应设加温装置。

建造专用催芽室可砌双层砖墙，中间填满隔热材料或用一层 5 厘米泡沫塑料板保温，出入口的门应采用双重保温结构，内设加温空调或空气电加热线加温。采用空气电加热线加温时，布线间距应大于 2 厘米以上，离开墙壁 5～10 厘米。电热线功率若以外界温度 0℃、催芽室温度需 30℃，应按每立方米 100～110 瓦计算。电器设备开关、控温仪（感温探头应放在室内）、电表、交流接触器等都应设在室外，室内不能有暴露的电源线或接头，以免漏电造成事故。

摆放育苗盘层架的规格要与建造的催芽室相匹配，每层间距 10～15 厘米。层架下面应装设万向轮，以便于推运。也可将盘与盘呈“十”字形摆放在床架上。

（4）幼苗绿化、驯化、培育设施　种子萌动出土后，要立即放在有光并能保持一定温、湿度条件的保护设施内，幼芽可变成绿色。否则，幼芽会黄化，影响幼苗的生长和质量。穴盘育苗时，种子是在发芽室内催芽，幼芽出土后就要立即移到绿化设施内使其见光。营养土块、营养钵育苗时，播了种的土块或营养钵就摆放在光照、温度和湿度条件都很适宜的设施内，此设施既是绿化室，也是幼苗培育设施。穴盘、营养钵培育的嫁接苗或试管培育的试管苗移出试管后，都要经过一段驯化过程，既可促进嫁接伤口愈合，又是试管苗适应环境的过程。因此，蔬菜工厂化育苗一般要求使用性能良好，环境条件能调控的玻璃温室或加温塑料大棚（图 4–58）。

图 4–58　绿化温室中的营养钵幼苗

2. 育苗技术

（1）品种选择　穴盘工厂化育苗每穴点 1 粒种子，应选择种子发芽率大于 90%、籽粒饱满、发芽整齐一致的种子，而且应选用抗病、高产等优良品种。

（2）播前准备　严寒季节可在保护设施内采用增温、保暖措施进行育苗；高温季节可通过遮荫降温措施进行育苗。将草炭、蛭石、珍珠岩、炉渣灰等基质材料，根据不同的比例进行充分混合方可使用。

（3）播种催芽　利用流水线播种，先是基质消毒装盘，再播种，每穴点 1 粒，播后覆盖蛭石，厚度为 1 厘米，然后将苗盘喷透水。将播种后的苗盘摞叠在一起，放入催芽室，用地膜盖好，催芽温度为 25℃～28℃。

（4）苗期管理　出苗后，将苗盘从催芽室移到绿化温室，放在可移动苗床上，通过摇动苗床一端的手轮移动苗床的位置，在苗床之间形成通道，供管理者通行（图 4–59）。子叶展平前应保持较高的温度，并给予充足的光照。子叶展平后适当降温，白天以 25℃、夜间 15℃左右为宜。严寒季节温度过低可适当加温，高温季节温度过高可适当降温。定植前 7～8 天，进行低温炼苗，白天气温 20℃左右，夜间 10℃～15℃为宜。从子叶展开到 2 叶 1

图 4–59　可移动苗床

心期，保持基质水分含量为最大持水量的 70%～75%，3 叶 1 心后，水分含量为最大持水量的 65%～70%。原则是高温天气多喷水，阴雨低温天气应适当减少浇水次数及浇水量。另外，结合浇水，可按无土栽培育苗的方法喷施营养液，一般要求幼苗 2 叶前每天喷 1 次，2～4 叶期每 2 天喷 1 次，4 叶期每 3 天喷 1 次。可以采用自走式喷水机喷灌水或营养液（图 4–60），如果没有这样的机械，也可以用淋浴喷头喷雾。

图 4–60　自走式喷水机械

（5）机械嫁接　对于采用工厂化育苗的专业户和育苗公司来讲，如果靠人工嫁接，由于工作效率低和嫁接技术水平低，显然易贻误嫁接时机。因此，应采用嫁接机械作业。国内嫁接机的研制起步较晚，但取得了可喜的成果，这里简要介绍两种。

2JC-350 型插接式嫁接机，是东北农业大学研发的半自动嫁接机，以瓜类蔬菜（黄瓜、西瓜和甜瓜）为嫁接对象。作业简便、成活率高、不需要夹持物，由人工递送砧木、接穗苗和卸取嫁接苗。

主要工作部件包括：砧木夹持机构、砧木切削机构、砧木打孔机构、接穗夹持机构、接穗切削机构、滑动机构、对位机构、动力传动机构等。工作原理是：通过凸轮组控制工作时序，实现一系列的嫁接作业流程。首先砧木夹将砧木夹紧，压苗片联动下压将砧木子叶压平，切除砧木生长点，主滑动块左行到达工作位置，压杆下压带动插签滑动下行打孔后上行；接穗夹和接穗切刀同时完成夹持和切削接穗，主滑动块右行到达右工作位置，压杆下压带动接穗夹滑块下行插接，打开接穗夹后上行退苗，完成一个工作循环。

双向高速自动嫁接机由中国农业大学张铁中教授主持研制，为具有自主知识产权的新型作业装备。该机器采用双向嫁接机构，充分和有效地利用了机器的取苗、切苗、嫁接等运行时间，实现了不同作业的同时进行，从而在保证作业质量和机器成本增加很少的情况下，使嫁接速度比原来提高了 30% 以上，在目前国际同类机型中其嫁接速度达到了最快（图 4–61）。

图 4–61　双向高速蔬菜自动嫁接机

五、黄瓜苗期病虫害防治

（一）苗期病害防治

1. 猝倒病

（1）危害特点　猝倒病俗称“掉苗”、“卡脖子”、“小脚瘟”等，发病后常造成幼苗成片倒伏、死亡，重者甚至整床苗毁灭，出土不久的子叶期幼苗最易发病。露出地表的茎基部或中部染病，呈水浸状，而后变为黄褐色，子叶来不及萎蔫，幼苗便倒折。病情迅速扩展后病部缢缩呈线状。采用营养钵育苗时多是零星发病，用营养块育苗时会形成发病中心，病情迅速扩展。在苗床湿度高时，病苗残体表面及附近土壤表面常长出一层白色絮状霉（图 5-1），此时幼苗根系生长正常，颜色不发生变化。

图 5-1　黄瓜幼苗成片发生猝倒病状态

（2）防治方法

①床土消毒　用无病新土配制营养土并进行消毒。方法是按每平方米苗床的营养土掺入50%多菌灵可湿性粉剂，或25%甲霜灵可湿性粉剂，或50%福美双可湿性粉剂8～10克，混匀后再装营养钵或做营养块。播种前要浇足底水，以免发生药害。

②种子消毒　采用温汤浸种或药剂浸种进行种子消毒。也可用20%氟酰胺可湿性粉剂拌种，使用剂量为1.5～3克/千克。

③加强管理　温室育苗时，苗床应建造在温室中部。露地育苗时，应选择地势较高，地下水位低，排水良好的地块。用于配制营养土的有机肥要充分腐熟。利用电热温床或酿热温床育苗，地温要保持在16℃以上，防止出现10℃以下的低温和高湿环境。播种前浇足底水，出苗后尽量不浇水。

④药剂防治　发病前用45%百菌清烟剂，每667米^{2}用药500克，密闭苗床熏烟，可提早预防病害。苗床发病，应及时把病苗及邻近病土清除，并在病苗及其周围喷洒0.4%铜铵合剂（硫酸铜2份，碳酸氢铵11份，磨成粉末混合放在有盖的玻璃或瓷器内密闭24小时后，每千克混合粉加水400升）。也可用磺菌胺晶体作为土壤处理剂进行土壤消毒。发病后选择喷洒25%甲霜灵可湿性粉剂800倍液，或58%甲霜·锰锌可湿性粉剂600倍液，或72.2%霜霉威水剂1 000倍液，或75%百菌清可湿性粉剂600倍液，或40%三乙膦酸铝可湿性粉剂200倍液，每平方米苗床用配好的药液2～3升，每隔7～10天喷1次，连喷2～3次。

2. 疫　病

（1）危害特点　发病早的幼苗，在刚出现一片真叶时即开始，从子叶边缘发病，水浸状，病斑呈枯绿色。发病稍晚一些的，则真叶染病，依然是从叶尖或叶缘发病，病斑大，每片叶只有少量几个病斑，水浸状，呈白绿色，湿度大时可见白色粉状霉。幼苗生长点也极易染病，嫩尖迅速萎蔫，幼苗呈水浸状萎蔫，幼茎呈线状缢缩（图5–2）。再稍大一些的幼苗，生长点染病，干枯，似黑星病（图5–3）。幼苗定植一段时间后，茎基部容易发病，茎缢缩，

致幼苗倒伏，似猝倒病症状，此时检查根系，为白色，无异常。

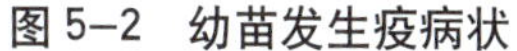

图 5–2　幼苗发生疫病状

图 5–3　秧苗生长点发病状

（2）防治方法　营养土中增施磷、钾肥，勿偏施过施氮肥。发病后可选用 58%甲霜 · 锰锌可湿性粉剂 600 倍液，或 64%噁霜 · 锰锌可湿性粉剂 500 倍液，或 69%烯酰吗啉可湿性粉剂 500 倍液，或 72% 霜脲 · 锰锌可湿性粉剂 600 倍液，或 25% 烯肟菌酯乳油 1 000 倍液，喷雾或淋灌茎基部。每隔 5 ~ 7 天 1 次，视病情连续防治 2 ~ 3 次。

3. 炭 疽 病

（1）危害特点　苗期发病最早是在子叶上出现水浸状小斑点，后扩大成近圆形病斑，浅褐色，病斑周围有时有黄色晕圈（图 5–4），嫁接苗的砧木南瓜子叶亦会染病。病菌还容易从嫁接苗接口处侵染接穗，导致嫁接失败。幼苗真叶染病出现圆形病斑，浅褐色（图 5–5），干燥环境下病斑不规则。病斑较多时，往往互相融合成不规则的大斑

图 5–4　炭疽病苗子叶上出现圆形褐色斑

块，导致叶片干枯。干燥时，病斑中部易破裂穿孔，叶片干枯死亡，病害蔓延严重时会导致育苗失败。

图 5–5　病菌从嫁接口侵染接穗，导致嫁接失败

（2）防治方法　发病初期及时喷药，可选用 10%噁醚唑水分散粒剂 800 倍液，或 25% 咪鲜胺乳油 1 500 倍液，或 10% 苯醚甲环唑水分散粒剂 1 500 倍液，或 60% 吡唑醚菌酯水分散粒剂 500 倍液，或 50% 醚菌酯干悬浮剂 3 000 倍液，每隔 5～7 天喷药 1 次，连续喷药 2～3 次。

4. 灰霉病

（1）危害特点　子叶期即可发病，通常从子叶尖端开始侵染，向内扩张，病斑灰绿色，初期看不到霉层。继而真叶开始发病，低温、高湿，防治不及时会导致病害蔓延。真叶染病，少数从叶面开始发病，病斑圆形，灰白色，湿度大时有明显同心轮纹。多数情况下是从叶缘开始发病，病斑很大，呈弧形向叶片内部扩展（图 5–6）。有时症状像疫病，但病斑不似疫病病斑那样白而薄。在发病后期或湿度较高时，病斑上生有致密的灰色霉层，有时受大叶

图 5–6　染病幼苗状态

图 5-7 受叶脉限制病斑呈“V”形

脉限制病斑呈“V”形（图 5-7），这是灰霉病的重要特征。值得注意的是，在低温高湿条件下，有时灰霉病和疫病会混发，在疫病病斑的坏死组织上着生灰霉病菌。嫩茎上初生水浸状不规则斑，后变灰白色或褐色，病斑绕茎一周，其上端枝叶萎蔫枯死，病部表面生灰白色霉状物。

（2）*防治方法* 灰霉病属于低温高湿条件下的易发病害，因此从生态防治的角度讲首先要增温降湿。初期预防病害，可燃放 28% 百菌清烟剂，每次每 667 米^2 用 300 克，每隔 5 ~ 7 天燃放 1 次，连续或交替燃放 3 ~ 4 次，这是冬季防病行之有效的方法（图 5-8）。发病后及时摘除病叶，再用药剂防治，可选择喷洒 50%腐霉利可湿性粉剂 1 500 倍液，或 25% 咪鲜胺乳油 2 000 倍液，或 30% 百·霉威可湿性粉剂 500 倍液，或 40% 嘧霉胺悬浮剂 1 200 倍液，或 20% 噁咪唑可湿性粉剂 2 000 倍液等药剂。每隔 5 ~ 7 天 1 次，视病情连续防治 2 ~ 3 次。

图 5-8 燃放烟剂预防灰霉病

5. 黄瓜蔓枯病

（1）*危害特点* 苗期主要危害子叶、真叶、胚轴和幼茎。子叶发病，从叶尖开始，病斑呈“V”形向内扩展，灰绿色。真叶发病，病斑初期呈半圆形或自叶片边缘向内产生“V”形病斑，发病迅速时病斑大且没有形状，只是由叶缘向内发展。病斑黄白色，逐渐扩大，直径可达 20 ~ 30 毫米 (图 5–9)。发病后期有的病斑达到半个叶片，呈浅褐色或黄褐色，隐约可见不明显轮纹，其上散生许多小黑点，为病菌的分生孢子器。后期病斑易破碎。病叶自下而上枯黄，但不脱落，严重时只剩顶部 1 ~ 2 片叶无病斑，这是与枯萎病的主要区别。

图 5–9　发病幼苗

苗期幼茎较少发病，偶有发病，多在节处出现菱形或椭圆形病斑，病部白色或黄褐色，有时有油浸状小斑点，逐渐扩展，有时可达几厘米长。有时病部变白，呈褪绿色油渍状斑，稍凹陷，有时溢出黄白色流胶、琥珀色的树脂胶状物，干燥后红褐色。干燥时病部干缩纵裂，表面散生大量小黑点，潮湿时病斑扩散较快，绕茎一圈使上半部植株萎蔫枯死，病部腐烂。后期病部纵裂呈乱麻状，引起蔓枯。病害严重时茎节变黑、腐烂、折断。蔓枯病多从茎表面向内部发展，维管束不变褐色，一般不会全株迅速萎蔫死亡，这是与枯萎病的重要区别。

（2）防治方法　播种前用55℃温水浸种15分钟，或40%甲醛100倍液浸种30分钟进行种子消毒，可有效预防发病。发病初期，可选择喷洒75%百菌清可湿性粉剂600倍液，或50%硫菌灵可湿性粉剂500倍液，或80%代森锌可湿性粉剂800倍液，或70%代森锰锌可湿性粉剂500倍液，或30%苯醚甲环唑乳油6 000倍液，药剂中可混入0.5%几丁聚糖粉剂1 000倍液，或植物细胞分裂素600倍液。每隔7～10天喷1次，连治2～3次。另外，对于发病初期在茎蔓基部或嫁接口出现的病斑，可用赤霉素稀释液（稀释倍数视含有效成分而定）涂抹，防效很好。

6. 霜 霉 病

（1）危害特点　苗期发病主要危害叶片。初期叶面上产生浅黄色病斑，沿叶脉扩展并受叶脉限制呈多角形（图5–10），易与细菌性角斑病混淆。清晨叶面上有结露或吐水时，病斑呈水浸状，叶背面病斑处常有水珠。后期病斑变成浅褐色或黄褐色多角形斑。湿度高时，叶片背面逐渐出现白色霉层，稍后变为灰黑色。高湿条件下病斑迅速扩展或融合成大斑块，致叶片上卷或干枯，下部叶片全部干枯，有时仅剩下生长点附近几片绿叶。

（2）防治方法　发病初期选用50%烯酰吗啉可湿性粉剂500倍液，或10%氰霜唑悬乳剂1 500倍液，或72%霜脲·锰锌可湿性粉剂800倍液，或58%甲霜·锰锌可湿性粉剂600倍液，或12.5%烯唑醇粉剂2 000倍液+50%烯酰·锰锌可湿性粉剂800倍液+2%春雷霉素水剂500倍液喷雾。每隔7～10天1次，连续防治2～3次。

图5–10　染病幼苗

7. 立枯病

（1）危害特点　立枯病多发生在育苗的中、后期。幼苗茎基部初期出现椭圆形或不规则形暗褐色病斑，有的病苗白天萎蔫夜间恢复。病斑逐渐凹陷（图 5–11），湿度大时可看到浅褐色珠状霉，但不显著。病部不长白色棉絮状霉，这一点，不同于猝倒病。病斑扩大后可绕茎一周，甚至使木质部外露，最后病部收缩干枯，叶片萎蔫不能恢复原状，幼苗干枯死亡。地下根部皮层变褐色或腐烂，但不易折倒，病部具轮纹状或浅褐色网状霉层。

图 5–11　染病幼苗

（2）防治方法　①播种前可用 40% 拌种双可湿性粉剂或 95% 敌磺钠可湿性粉剂按种子量的 0.5% 拌种。②苗床消毒。用 97% 噁霉灵粉剂按每平方米用量 1 克拌土撒施。③发病初期可选用 50% 敌磺钠可湿性粉剂 600 倍液，或 50% 立枯净可湿粉剂每平方米苗床用 1 ~ 1.5 克对水浇灌淋根。发病初期可选择喷洒 20% 甲基立枯磷乳油 1 200 倍液，或 5% 井冈霉素水剂 1 500 倍液，或 64% 噁霜 · 锰锌可湿性粉剂 600 倍液，或 5% 井冈霉素水剂 1 000 倍液 +

70% 甲基硫菌灵可湿性粉剂 1 000 倍液，每隔 7～10 天 1 次，连喷 2～3 次。

8. 嫁接苗接口腐烂病

（1）危害特点　在嫁接苗定植后开始结瓜时发病，病菌先从嫁接口位置侵染（图 5–12）。然后嫁接口下方砧木南瓜的茎组织开始腐烂，失水后逐渐缢缩，外表开始为暗绿色，后逐渐变为浅褐色。纵切砧木茎部，可见内部组织腐烂，颜色偏暗。病株叶片萎蔫，逐渐枯死，植株极易被拔起（图 5–13）。

图 5–12　嫁接口位置发病状

（2）防治方法　①砧木和接穗种子都要进行消毒处理，可用 55℃温水浸种 15 分钟，或冰醋酸 100 倍液浸种 30 分钟，或 40% 甲醛 150 倍液浸种 1.5 小时，用清水洗净药液后再催芽播种。②嫁接工具，如刀片、嫁接夹、竹签等也要进行消毒。③每次浇水前后都应喷药，预防浇水后发病严重。④发病初期用药剂喷淋茎基部，可选择 20% 噻森酮悬浮剂 300 倍液，或 20% 噻菌茂可湿性粉剂 600 倍液，或 80% 乙蒜素乳油 1 000 倍液，或 2% 宁南霉素水剂 260 倍液，或 0.5% 氨基寡糖素水剂 600 倍液，每隔 5～7 天 1 次，连喷 2～3 次。同时可用高浓度药剂涂抹嫁接口。

图 5–13　嫁接口腐烂病株萎蔫状

（二）苗期虫害防治

1. 瓜　蚜

（1）为害特点　为害瓜类蔬菜的蚜虫主要是瓜蚜。成虫和若虫在黄瓜子叶、真叶背面和嫩梢、嫩茎上吸食汁液（图 5–14）。子叶、嫩叶及生长点被害后，叶片卷缩，生长停滞，甚至全株萎蔫死亡，老叶受害时不卷缩，但提前干枯。

图 5–14　子叶叶背面受害状

（2）防治方法　采取以下综合防治措施。

①喷雾　选择喷洒 20%氰戊菊酯乳油 2 000 倍液，或 2.5%溴氰菊酯乳油 2 000～3 000 倍液，或 50%抗蚜威可湿性粉剂 2 000～3 000 倍液，或 5%顺式氯氰菊酯乳油 1 500 倍液，或 15%哒螨灵乳油 2 500～3 500 倍液等。

②喷粉　适合密闭的棚室。每 667 米^{2}用 5%灭蚜粉尘剂 1 千克，用手摇喷粉器喷施。在大棚内，施药者站在中间走道的一端，退行喷粉；在温室内，施药者站在靠近后墙处，面朝南，侧行喷粉。每分钟转动喷粉器手柄 30 圈，把喷粉管对准蔬菜作物上空，左右匀速摆动喷粉，不可对准蔬菜喷，也不需进入行间喷。人退出门外，药应喷完，若有剩余，可在棚室外不同位置，把喷管伸

入棚室内，喷入剩余药粉。

③黄板诱蚜　有翅成蚜对黄色、橙黄色有较强的趋性，利用这一特性，可诱杀蚜虫。方法是取一块长方形的硬纸板或纤维板，板的大小一般为 30 厘米 ×50 厘米，先涂一层黄色广告色，晾干后，再涂一层黏性机油或 10 号机油，也可直接购买黄色吹塑纸，裁成适宜大小，而后涂抹机油。把此板插入苗床上，或悬挂在幼苗之上，利用机油黏杀蚜虫，使用中应经常检查黄板并涂抹机油。

2．美洲斑潜蝇

（1）为害特点　成虫吸食叶片汁液，造成近圆形刻点状凹陷。卵产于叶肉中；初孵幼虫在叶片的上下表皮之间蛀食，造成弯弯曲曲的隧道，隧道相互交叉，逐渐连成一片，导致叶片光合能力锐减，过早脱落或枯死（图 5–15）。隧道端部略膨大，老龄幼虫咬破隧道的上表皮爬出道外化蛹。

图 5–15　幼苗受害状

（2）防治方法　采取以下综合防治措施。

①农业措施　早春和秋季在蔬菜种植前，彻底清除菜田内外杂草、残株、败叶，并集中烧毁，减少虫源。种植前深翻菜地，

活埋地面上的蛹。最好再每667米^{2}施3%氯唑磷颗粒剂1.5～2千克毒杀蛹。发生盛期，中耕松土灭蝇。

②药剂防治　目前防效较好的药剂是微生物杀虫剂阿维菌素，具有胃毒和触杀作用，主要有1.8%、0.9%、0.3%乳剂3种剂型，使用浓度分别为3 000倍液、1 500倍液和500倍液。为了提高药效，在配制药液时，需加入500倍的消抗液增效剂，还可加入适量白酒。此外，还可选用10%吡虫啉可湿性粉剂4 000～6 000倍液，或10%氯氰菊酯乳油2 000倍液等药剂进行喷雾防治。每隔7天喷1次，共喷2～4次。

3. 温室白粉虱

(1) *为害特点*　以成虫和若虫吸食叶片汁液，被害叶片褪绿、变黄、萎蔫，甚至全株死亡（图5–16和图5–17）。并分泌大量蜜露，污染叶片，导致煤污病。白粉虱亦可传播病毒病。

图5–16　叶面受害状

图5–17　群集在叶背面的白粉虱成虫

(2) *防治方法*　采取以下综合防治措施。

①农业措施　育苗前彻底熏杀残余的白粉虱并清理杂草和残株。在通风口增设尼龙纱等防虫网，控制外来虫源，培育出“无虫苗”。

②药剂防治　在温室白粉虱发生较重的保护地，可用2.5%

溴氰菊酯乳油 2 000 ～ 3 000 倍液，或 20% 吡虫啉可湿性粉剂 2 500 ～ 5 000 倍液，或 3% 啶虫脒乳油 1 500 倍液，或 1.8% 阿维菌素乳油 4 000 倍液，或 15%哒螨灵乳油 2 500 ～ 3 500 倍液喷雾防治。选用 1%溴氰菊酯烟剂，或 20% 异丙威 · 敌百虫烟剂用背负式机动发烟器施放烟剂，效果也很好。还可自制烟雾剂，如用盆装锯末，滴入敌敌畏 50 克左右，然后点火使其暗烧，期间不见明火，每 667 米 ^{2} 放 6 ～ 10 个盆，密闭温室，烟熏 2 ～ 3 个小时后，逐渐通风，可杀死成虫和若虫。

③物理防治　黄色对白粉虱成虫有强烈诱集作用，在温室内设置黄板（1 米 ×0.17 米纤维板或硬纸板，涂成橙黄色，再涂上一层黏油，每 667 米 ^{2} 放 32 ~ 34 块）诱杀成虫效果显著。黄板设置于行间与植株高度相平，黏油（一般使用 10 号机油加少许黄油调匀）每隔 7 ~ 10 天重涂 1 次，涂油时要防止油滴在作物上造成烧伤。

4. 黄守瓜

（1）为害特点　主要为害瓜类蔬菜。成虫在叶片表面啃食（图 5-18）。孵化后幼虫很快潜入土内为害细根，大龄幼虫可蛀入根的木质部和韧皮部之间为害，使整株枯死。

图 5-18　黄瓜幼苗叶片受害状及黄守瓜成虫状

(2) 防治方法　幼苗长出真叶后选用10%氯菊酯乳油3 000倍液，或2.5%溴氰菊酯乳油3 000倍液，或15%哒螨灵乳油2 500～3 500倍液，或90%敌百虫晶体1 000倍液，或4.5%高效氯氰菊酯3 000～3 500倍液等药剂喷雾防治。幼虫为害严重时，用50%辛硫磷乳油1 000倍液灌根防治。在瓜秧根部附近覆一层麦壳、草木灰、锯末、谷糠等，可防止成虫产卵，减轻为害。

5. 瓜 绢 螟

(1) 为害特点　低龄幼虫在叶背啃食叶肉，呈灰白斑（图5－19）。三龄后吐丝将叶或嫩梢缀合，匿居其中取食，致使叶片穿孔或缺刻，严重时仅留叶脉。

图5–19　叶背受幼虫啃食状

(2) 防治方法　在幼虫发生初期，及时摘除卷叶，以消灭部分幼虫。幼虫盛发期，可选用20%氰戊菊酯乳油3 000倍液，或4.5%高效氯氰菊酯3 000～3 500倍液，或40%菊·杀乳油3 000倍液，或40%乐果乳剂1 000倍液，或20%氯·马乳油3 000倍液喷雾防治。每隔7天喷药1次，连续喷洒2～3次。

六、黄瓜嫁接育苗常见问题

（一）不出苗或出苗不齐

1. 症状及原因 播种后长时间不出苗，或出苗不整齐，幼苗大小不一（图 6-1）。一般情况下经催芽的黄瓜种子播种 3 ~ 4 天后苗可出齐。但由于种种原因，如床土温度过低、种芽被冻死，或土壤中化肥浓度过高，或有机肥未经腐熟，或有机肥腐熟不完全，或土壤中水分不足，阻碍了种芽吸水，使幼嫩的种芽烂掉而不出苗。另外，播种后遇到长期的阴、冷、雨、雪天气，使床温偏低，土壤中水分过大，种子长期处于低温下的水浸泡状态，也会使种子烂掉。播种床面不平整，覆土厚度不均匀，甚至种子裸露于地表面，或覆土过厚，或床面土壤板结，或进行土壤消毒时所用农药剂量过大等都会导致出苗不齐或不出苗现象的发生。

图 6-1 不出苗及出苗不齐状态

2. 防治方法 播种时地温应稳定在10℃以上。地温过低时，应使用加温设备提高苗床土壤温度。配制营养土时，一定要用完全腐熟的有机肥，肥料配比要适当，避免化肥用量太大烧苗。浇水要均匀，地面要平整。覆土应均匀，厚度保持在1厘米左右。营养土要疏松细碎，严格按育苗要求操作。若4～5天仍未出苗，应先仔细查看土壤是否缺水，种子是否完好，若种子胚根尖端仍为白色，说明还能出苗，可以加温，特别是提高地温，如土壤干燥，可适当洒20℃温水。如果胚根尖端发黄或腐烂，就没有挽救的希望了，应重新播种。

（二）幼苗沤根

1. 症状及原因 低温季节育苗时易出现沤根现象。发病时，根部不发新根和不定根，根皮锈褐色，逐渐腐烂、干枯。病苗极易被从土壤中拔出。茎叶生长缓慢，叶片逐渐变为黄绿色或乳黄色，叶缘开始枯黄，直至整叶皱缩枯黄（图6–2）。幼苗不生新叶，

图6–2　定植后发生沤根的幼苗

严重时整株枯死。主要是由于土壤温度低于12℃的时间持续较长，浇水过量，连阴天，光照不足等原因，致使幼苗根系处于土壤低温、过湿、缺氧状态下，呼吸代谢受阻，不能正常生长，根系吸收能力降低，导致沤根。

2. 防治方法 苗床土要疏松，平整。防止浇水后床面积水。保证充足的光照。播种要精细、均匀。覆土厚度不超过 1 厘米。播种前浇足底水，整个育苗过程中适当控水，严防床面过湿，特别要防止床土长期阴湿。苗床做好后，先覆盖地膜提高床土温度，3～5 天后揭去薄膜播种。也可采用电热温床育苗，苗床温度不宜低于 12℃。适时适量通风，加强幼苗锻炼。低温季节定植时，要按穴浇水，不能在定植后大水漫灌。施用基肥时要均匀。 发生轻微沤根后，可在苗床表面覆盖地膜，提高温度，并及时松土，促使病苗尽快发出新根。

（三）戴帽出土

1. 症状及原因 黄瓜幼苗出土后子叶上的种皮不脱落，俗称“戴帽”（图 6–3）。戴帽苗子叶被种皮夹住不能张开，直接影响子

图 6–3 戴帽出土苗

叶的光合作用，也易损坏子叶。由于子叶是此时黄瓜进行光合作用的唯一器官，所以戴帽出土现象往往导致幼苗生长不良或形成弱苗。造成戴帽出土的原因很多，如种皮干燥；播种后所覆盖的土太干，致使种皮变干；覆土过薄，土壤挤压力小；出苗后过早揭掉覆盖物或在晴天中午揭膜，致使种皮在脱落前变干；地温低，导致出苗时间延长；种子秕瘦，生活力弱等。

2. 防治方法 精细播种。营养土要细碎，播种前浇足底水。浸种催芽后再播种，避免干籽直播。在点播以后，先全面覆盖潮土 7 毫米厚，不要覆盖干土，以利于保墒。同时，覆土不能过薄，厚度要均匀一致。在大部分幼苗顶土时和幼苗出齐后再分别覆土 1 次，厚度分别为 3 毫米和 7 毫米。覆土的干湿程度因气候、土壤和幼苗状况而定。幼苗顶土时因苗床土壤湿度较高，应覆盖干暖土壤，幼苗出齐后为防戴帽出土，以湿土为好。必要时，在播种后覆盖无纺布、碎草保湿，使床土从种子发芽到出苗期间始终保持湿润状态。幼苗刚出土时，如床土过干要立即用喷壶洒水，保持床土潮湿。如果发现有覆土太浅的地方，可补撒一层湿润细土。发现“戴帽”苗，可趁早晨湿度大时，或喷水后用手将种皮摘掉，避免干摘种皮把子叶摘断。同时应注意摘“帽”操作要轻。也可等待黄瓜幼苗自行脱壳。

（四）胚轴倾斜

1. 症状及原因 刚出土的黄瓜幼苗下胚轴向光源方向倾斜生长（图 6–4）。主要是由于出苗后，没有及时去掉苗床上覆盖的地膜或苗床上搭建的小拱棚，导致气温偏高，致使刚出土的黄瓜幼苗下胚轴徒长。如果此时伴有弱光天气，当天气转晴时，胚轴容易向光倾斜。

图 6–4 幼苗胚轴向光倾斜状

2. 防治方法 幼苗出土后即应将气温适度降低，同时减少覆盖物，增强光照，必要时可进行人工补光。

（五）幼苗徒长

1. 症状及原因 徒长苗的叶面大，叶片薄、颜色浅，茎细而长，节与节的间距大，组织柔嫩，根短而小，“根冠比”小，干物质积累少（图 6–5）。由于徒长苗根系弱，吸水能力差，叶及茎柔嫩，表面角质层不发达，所以在空气湿度降低时，蒸腾作用剧增，从而使叶片萎蔫。徒长苗抗逆性差，容易受冻及染病。由于营养不良，徒长苗的花芽形成和发育都慢，花数量少而且容易脱落，往往形成畸形瓜，并造成产量低。徒长苗形成的原因主要是夜温过高，昼夜温差小，光照不足，通风不良，水分过大，氮肥施用过多，磷、钾肥施用过少等因素造成的。幼苗徒长主要发生在两个时期：一是幼苗刚出土时，由于没有及时通风，及时揭开覆盖物而引起幼苗徒长。二是在春季定植前，外界气温逐渐升高，天气变暖，幼苗生长加快，植株已相当大，相互拥挤，互相挡光遮荫，或是这时大量浇水而又没有降低夜温造成徒长。

图 6–5 徒长幼苗其胚轴细长

2. 防治方法 防治徒长苗应根据管理中的具体问题，对症下药，采取相应的措施。

（1）科学建造苗床 营养土的配比要合理。可用有机肥、田园土等量混合配制营养土。有机肥要充分腐熟，田园土的取土地块不能种过瓜类蔬菜，以利于防病。有机肥和田园土应分别过筛后混匀。每立方米营养土中可掺入磷酸二铵1千克。注意不宜施用尿素等速效氮肥，即使施用这类速效氮肥，用量也要适当，否则既容易引发幼苗徒长，同时还会在以后的栽培过程中出现一些生理变异株。此外，要选用透光性较好的塑料薄膜覆盖，以保证苗床光照充足。

（2）加强管理 幼苗出土后下胚轴对温度十分敏感，极易徒长，应降低床内湿度和夜温。保持夜间床温前半夜为15℃～20℃，后半夜为10℃～15℃，早晨不低于5℃，保持一定的昼夜温差。对于定植前一段时间发生的徒长苗，可在定植时将其栽得深些，保持子叶在土壤表面以上2～2.5厘米即可。

（3）喷施植物生长调节剂 喷施植物生长调节剂是抑制徒长的下策，因为如果过量，会影响幼苗的生长和结瓜。确实有必要时，可用50%矮壮素原液对水配成2500～3000倍液（即1毫升原液加水2.5～3升），用喷雾器喷洒在幼苗上，每平方米苗床喷洒1升配制好的矮壮素溶液。喷后10天左右，可观察到幼苗生长缓慢，叶色变深绿，茎变得健壮。

（六）幼苗叶缘吐水

1. 症状及原因 早春育苗时，晴朗天气的早晨黄瓜幼苗叶片边缘水孔附近挂有一圈小水珠，而叶片表面却没有水珠（图6-6）。主要是由于营养钵或营养钵下面的苗床土壤含水量较大，地温较高造成的。叶片吐水并不会对幼苗造成多大危害，但吐水说明土壤湿度过高，而土壤湿度高容易引发疫病、猝倒病以及多种生理病害。

图 6–6 幼苗子叶吐水状

2. 防治方法 黄瓜育苗时，强调在播种前浇足底水，幼苗生长过程中尽量少浇水。有人为了避免营养钵内含水量过高，采用在营养钵下面的苗床上浇水方法，让水通过营养钵的底孔渗入营养钵内，此法不会增加营养土表面湿度，对预防猝倒病等苗期病害效果较好。但由于营养钵的阻碍，如果浇水量过大，苗床土壤中的水分需要很长时间才能蒸发掉，容易造成苗床湿度过大，引发病害。所以，应适当控制浇水量。

（七）苗期氨害

1. 症状及原因 由于营养土或栽培设施土壤中有机肥分解产生氨气危害幼苗时，多从下部叶片出现症状。轻者叶缘略褪绿，个别情况下叶片表面出现小型褪绿斑，似蚜虫为害状。重者叶缘焦枯，叶脉之间的叶肉形成大型白色枯斑（图 6–7）。其原因是育苗设施内施用氮肥如碳酸氢铵、硫酸铵、固体尿素、氨水等化肥时，施肥量过大、表施或覆土过薄，土壤呈碱性时会直接产生氨气。或者因施用尿素，没有埋施或施肥后浇水，而不及时通风。如果遇到低温天气，即使施肥后浇水，也进行了棚室通风，仍然容易产生气害。根据天气情况不同，这种气害通常不是在施肥后马上出现，而是在施肥后 3 ~ 5 天才出现症状，出现症状后，即使经常通风，也不能马上控制病情发展。此外，施用未腐熟的厩肥、人粪尿、鸡粪、饼肥、鱼肥时会间接产生氨气，在温室内发酵饼肥、鸡粪时也会很快产生氨气。

图 6–7　幼苗氨害叶缘焦枯状

2. 防治方法　采取以下综合防治措施。

（1）*科学施肥*　如果育苗温室中同时栽培有黄瓜或其他蔬菜，在施肥时，应以充分腐熟的优质有机肥为主，不要在温室内堆沤可能产生大量氨气的肥料，如生鸡粪、生饼肥等。不要将能直接或间接产生氨气的肥料撒施在地面上。追施尿素、碳酸氢铵和硫酸铵时，每次的施用量不要过大，应少施勤施，每次每 667 米^{2}施肥量不应超过 20 千克，并应开沟深施，施后用土盖严并及时浇水。鸡粪、牛粪、饼肥等有机肥一定要充分腐熟后方可施用。适当增施磷、钾肥。

（2）*低温季节不施用尿素和碳酸氢铵*　冬季和早春不宜在棚室内施尿素和碳酸氢铵。这是因为施入土壤中的氮肥，不论是有机态还是无机态，都需要在土壤微生物的作用下，经历一系列的

转化，最终变为硝酸态供黄瓜吸收利用。这一转化过程时间的长短，很大程度上取决于温度条件，而低温会严重抑制这一转化过程造成氨气危害。

（3）检查氨气浓度　在早晨用 pH 试纸（试剂商店有售）蘸取棚膜水滴，然后与比色卡比色，读出 pH 值，当 pH 值大于 8.2 时，可认为将发生氨气危害，应立即通风，排除氨气。

（4）补救措施　发生氨气危害后，立即通风换气。但通风并不能彻底消除氨害，由于施肥产生的氨害，大约需要经过 15 天的时间，才会慢慢消失。在植株受害尚未枯死时，去掉受害叶，保留尚绿的叶，通风排出有害气体后，加强肥水管理，可慢慢恢复生长。另外，在叶的反面喷洒 1%食醋溶液，有明显效果。

（八）幼苗子叶畸形

1. 症状及原因　黄瓜幼苗子叶畸形有两片子叶大小不一、不对称、开展方向不在同一条线上、子叶抱合在一起或粘连在一起等多种表现形式（图 6–8）。子叶是黄瓜幼苗生长初期的主要光合器官，如果子叶畸形，会对幼苗生长造成一定的不良影响，例如，粘连在一起的子叶会影响真叶的伸展，减少黄瓜幼苗的光合面积。另外，子叶的质量是黄瓜种子质量和幼苗质量的标志，子叶畸形，往往说明种子质量差，这种幼苗将来的产量和瓜的品质往往也较低。子叶畸形主要是由于种子质量本身造

图 6–8　幼苗子叶粘连状

成的，如种子不成熟，发育不完全等。

2. 防治方法 自行留种时要选择植株中部大瓜取种。植株下部瓜及根瓜因发育时植株幼小、环境条件差、授粉不良等因素影响致使种子质量差，不宜作留种瓜。播种前应对种子进行精选或漂洗，剔除瘪籽、残破籽、小籽。

（九）子叶有缺刻或扭曲出土

1. 症状及原因 刚出土的黄瓜幼苗子叶边缘不整齐，有缺刻（图6–9）。有的子叶不平展，呈扭曲状出土（图6–10）。主要是由于覆土过厚，或覆土过于紧实板结，或刚出苗时遇到低温、冷风造成的。

图 6–9 幼苗子叶缺刻状

图 6–10 幼苗子叶扭曲状

2. 防治方法 参见黄瓜幼苗“戴帽出土”防治方法的内容。

（十）嫁接苗定植早遇冷害

1. 症状及原因 早春定植的嫁接苗缓苗十分缓慢，叶片生长停滞，不发生新根。砧木子叶过早干枯，下部真叶叶缘开始黄化，叶面皱缩、卷曲。严重者顶部叶片不能正常展开，甚至卷成筒状，下部子叶、真叶干枯（图 6–11）。主要是由于日光温室冬春茬、塑料大棚春提前茬、露地春茬黄瓜定植时，正值气候剧烈变化的时期，容易出现阴、雪天气，如果不顾外界气候条件，盲目强行定植，定植后地温低，根系不能发育，导致下部叶片边缘变黄，缓苗慢。

图 6–11　幼苗遇冷害叶片干枯状

2. 防治方法 露地春黄瓜定植期应安排在终霜以后，选冷尾暖头天气定植。温室黄瓜定植期应根据不同温室的保温性能而定，不能为了提早上市，盲目地将定植期任意提前。由于定植后不便保温，一旦遇到寒流，就会使幼苗受到伤害，甚至导致部分幼苗死亡。曾有农户为提早上市，在同一个温室内，将定植期比往年提早 7 天，结果导致 1/3 ～ 1/2 的幼苗被冻死。笔者根据多年的实践经验认为，如果温室栽培遇到低温气候，而幼苗较大又急需定植，可以采用“假植”的方法解决这一矛盾。具体做法是：把黄瓜嫁接苗带钵摆放到种植穴内，这样就避免了黄瓜苗在苗床上的拥挤 (图 6–12)。待天气转暖气温适合时，去掉营养钵，用“水稳苗”的方式定植，即遵循“浇水—摆苗—封土”的顺序定植。

图 6–12　嫁接苗带钵假植